KW-125-712

BIBLIOTHECA

SCRIPTORVM GRAECORVM ET ROMANORVM

TEVBNERIANA

HYGINI

FABVLAE

EDIDIT

PETER K. MARSHALL

MAGDALEN COLLEGE LIBRARY

STVTGARDIAE ET LIPSIAE

IN AEDIBVS B. G. TEVBNERI MCMXCIII

971343

Gedruckt mit Unterstützung der Förderungs-
und Beihilfefonds Wissenschaft der VG WORT GmbH,
Goethestraße 49, 80336 München

Die Deutsche Bibliothek — CIP-Einheitsaufnahme

Hyginus ⟨Mythographus⟩
[Fabulae]
Hygini Fabulae / ed. Peter K. Marshall. —
Stutgardiae ; Lipsiae : Teubner, 1993
(Bibliotheca scriptorum Graecorum et Romanorum Teubneriana)
ISBN 3-8154-1449-0
NE: Marshall, Peter K. [Hrsg.]; Hyginus, Gaius Iulius: [Sammlung]

Das Werk einschließlich aller seiner Teile ist urheberrechtlich geschützt. Jede Verwertung
außerhalb der engen Grenzen des Urheberrechtsgesetzes ist ohne Zustimmung des Verlages
unzulässig und strafbar. Das gilt besonders für Vervielfältigungen, Übersetzungen,
Mikroverfilmungen und die Einspeicherung und Verarbeitung in elektronischen Systemen.

© B. G. Teubner Verlagsgesellschaft Leipzig 1993

Printed in Germany
Satz und Druck: INTERDRUCK Leipzig GmbH
Buchbinderei:
Druckhaus „Thomas Müntzer" GmbH, Bad Langensalza

PRAEFATIO

Anno post Christum natum 1535 opus adhuc incognitum Iacobus Micyllus (Germanice: Jacob Molsheim uel Mölt-zer) Basileae primus edidit[1], quod titulum hunc habet: *C. Iulii Hygini Augusti liberti Fabularum liber, ad omnium poetarum lectionem mire necessarius & antehac nunquam excusus.* praeterea Epistola Nuncupatoria sic incipit: *Nobili ac generoso Do. Othoni Truchses a Vualburg, Spirensis ecclesiae Canonico, Domino suo, Iacobus Micyllus s.d.*, ubi de operis inuentione haec nos admonet: *Proinde cum superiore anno genealogias deorum, perinde ut a Bocatio ante annos aliquot collectae fuerant, hortatu amici nostri Heruagii relegissem ... atque idem nuper alium quendam uetustum ac manu scriptum codicem, in quo per capita easdem res, atque idem argumentum ab Hygino (sic enim inscriptus liber is erat) tractabatur, uisendum et quoad eius fieri potest, emendandum quoque et restituendum dedidisset ...* tum sic pergit Micyllus: *ipse liber (qui beneficio excellentiss. D. Ioannis Vueyer Augustani, Frisingensis ecclesiae Canonici, ac M. Io. Chrumeri Canonici apud diuum Andream Frisingensem ... nobis communicatus est ...).* hinc nobis concludere licet hunc codi-

---

1 Haec editio ex exemplari Bodleiano (Byw. F.2.11) anno 1976 phototypice reimpressa est, Garland Publishing, Inc., New York & London, in serie "The Renaissance and the Gods ... Edited with Introductions by Stephen Orgel." de Micyllo ipso uide K. Meuli, Unser Text der Fabulae Hygins, *ANTIΔΩPON*: Festschrift Jacob Wackernagel zur Vollendung des 70. Lebensjahres, 1923, 231–239 (praesertim 238–239).

cem in bibliotheca Frisingensi fuisse nomenque Hygini prae se tulisse.

Sed qualis erat hic codex nuper e tenebris erutus? de libri condicione sic Micyllus lamentatur: *is inquam liber externis ac Longobardicis notis scriptus erat, in qua tamen re nonnihil adiuuit nos is, qui prior illum latine describendum ceperat, cuius nos exemplum principio ceu filum quoddam secuti sumus. deinde quod ipsa uerba pleraque inter se ita impedita ac perturbata erant, ut alia nobis diuidenda, alia aliis abolenda: quorundam principium cum fine praecedentium, et rursum praecedentium quorundam finis cum principio sequentis coniungendus esset. ut omittam, quam multa uetustate obliterata, expuncta atque corrosa fuere, quorum alia, aestimationem et coniecturas secuti restituimus, alia, ubi certum aliquid quod sequi possemus non erat, prorsus intacta reliquimus. omnino autem nihil de quo non certo uel ex Graecis uel Latinorum poetis constaret, immutatum, aut ex loco motum est, adeo ut in quibusdam etiam diuersam lectionem, iuxta alteram atque priorem adnotasse satis putarim.*

Hinc duae res nos mouere possunt: primum, quod Micyllus tanta difficultate codicem lectitabat, ut apographo nesciocuius amanuensis uteretur; deinde, quod emendandi cupiditati tam libenter indulserat. magnopere igitur dolendum est quod haec Micylli editio (cuius lectiones siglo F notantur) per maximam Fabularum partem sola fere nobis testimonium praebet. codex enim manu scriptus paene statim e luce euanuit.

Maxime igitur gaudendum est quod duae fragmentorum series[2] e codice ipso [Φ] ad uitam sunt regressae.

---

2 De Fabularum fato breuiter doctissimeque disputauit M. D. Reeve, Texts and Transmission: A Survey of the Latin Classics, ed. L. D. Reynolds, Clarendon Press, Oxford, 1983, 189–190.

quae prima apparuit (ex libri impressi integumento ex-
tracta) in Bibliotheca Publica Monacensi (clm 6437) hodie adseruatur.[3] primus haec publici iuris fecit[4] C. Halm
anno 1870, cuius libello G. D. Kellogg[5] multa supplementa, multas correctiones addidit. fragmentorum scriptura
plane demonstrat cur Micyllus in tantas difficultates incur-
rerit: nam litteris illis, quae Beneuentanas dicimus, circa
annum 900 fortasse Capuae exarata sunt. hae reliquiae
tam lacerae tamque foede discissae quinque sunt numero,
quarum tres inter se iam ita resartae sunt, ut tria iam mi-
nuta fragmenta uideantur.[6] uerba autem Hyginiana
incipiunt in Fab. XVII [Argonau]tas, perguntque (multis
deperditis litteris) ad Fabb. XVIII, XX, XXI, XXV (ubi
reliquiae iam pleniores sunt), XXVI, XXVII (ubi paene
tota Fabula adseruatur), XXVIII, XXIX, XXX, XXXV,
XXXVI (usque ad Nessus dixerat), XXXVII, XXXVIII,
ubi in uerbis hunc in[terfecit] fragmenta desinunt.

Altera fragmentorum series annis recentioribus[7] a uiro

3 Haec fragmenta anno 1988 ipse meis oculis inspexi.

4 Fragmente aus dem Cod. Fris. des Hyginus, Sitzungsberichte der König. Bayerischen Akademie der Wissenschaften
(philosophisch-philologische Classe), 1870, 317–326.

5 New Readings from the Freising Fragments of the Fables of
Hyginus, American Journal of Philology 20, 1899, 406–411.

6 Imagines plenissimae eaedemque clarissimae praebentur
ab E. A. Lowe, Scriptura Beneuentana, Clarendon Press, Oxford,
1929, vol. i, tab. XXVII, ubi etiam transcriptio fragmentorum inueniri potest. uide etiam eiusdem scriptoris The Beneventan
Script, ed.[2], Roma, 1980, vol. II, p. 97.

7 Paul Lehmann, Fragmente, Abhandlungen der Bayerischen
Akademie der Wissenschaften, philosophisch-historische Abteilung, Neue Folge, Heft 23, 1944, 37–47, cum tabulis IV–VIII.
primo haec fragmenta "sine numero" erant, nunc numero 800
notantur. anno 1988 ipse inspexi.

sagacissimo B. Bischoff in lucem protracta est, hodieque
Monaci in Bibliotheca Archiepiscopali (Erzbischöfliches
Ordinariatsarchiv) numero 800 signata inuenitur. ecce
iterum ex integumento Hyginus erutus est; nam adnota-
tio *Registrum offittii oblay de anno 1558* indicat quam celeriter Micylli codex in alios usus dilaceratus sit. hic duo
bifolia uidemus, quorum alterum paene intactum seruatum est, alterum foede mutilatum est. sed hic textus pre-
tiosissimus has Fabulas complectitur: Praef. 26 (a uerbo
[*Ce*]*rere*) – 34 (deficit in uerbo *Ex*); Praef. 39 (a uerbo *Boeotia*) – Fab. I, tit.; Fab. I (ab ultimo uerbo [*in*]*terfecit*) –
II,1 *nascerentur*; II,3 [*mi*]*sericordia* – 4 *postea ab Iunone*;
XIV,5 *dicitur* – 16 *Calydonius*; XIV,18 *eodem tempore* –
pectus; XIV,22 [*Iolau*]*s* – 23 *accessit*; XIV,26 *Idmon* – 27
Venus; CLXXI,2 *et ait* – CLXXVI,1 *nomen indidit*;
CLXXX, tit. – CLXXXIV,2 *Illyriae fines.* hinc patet haec
fragmenta multo pleniora esse quam quae seruantur in
clm 6437.

Quamquam minima codicis Φ pars hodie extat, luce
clarius patet quam neglegenter uel Micyllus ipse uel amanuensis iste rem suam gesserit. nam e plurimis exempla
tria tantum proferam quae indicent quanto F a codice Φ
degenerauerit. in Fabula enim II,4 F habet *Athamas postea ab Ioue insania obiecta*, quam mythi formam multi
iam prauam suspicati sunt. sed in codice Φ non *Ioue* legimus sed *Iunone*, quae est forma omnibus nota. deinde
ultimum in Fabula CLXXI uerbum in F est *obrueretur*,
sed in Φ *consumeretur.* postremo in Fabula CLXXXI,2
ubi F habet *in ceruam ab ea est conuersus*, econtra in codice Φ sic legitur: *habitus eius in ceruum ab ea conuersus
est.* praeterea per totum opus uideri potest quam constan-
ter Micyllus uerba codicis Φ tacite suo iure emendauerit.

Ei uerborum Hyginianorum formae, quam Φ et F nobis adseruant, addendum est testimonium codicis palim-

psesti[8] Vaticani Pal. lat. 24 (N), saeculo quinto scripti. haec fragmenta pretiosissima hoc ordine hodie sunt legenda: fol. 45^v + 38^r; fol. 45^r + 38^v. Fabulae, quae ibi leguntur, sunt hae: LXVII,5 *a Spinge essent* fortasse usque ad Fabulae finem; tum forma paulo discrepans Fabulae LXX (quam numero LXXA signo); tum Fabulae LXXI diuersa forma (LXXIA); postremo Fabulae LXVIII forma altera (LXVIIIB). sed quid putandum est de Fabularum formis in codice N seruatis discrepantibus iisdemque plerumque decurtatis? fortasse id concludendum est: hoc Hygini opus numquam, ut ita dicam, in lapide inciso stetisse, sed multa per saecula formam nunc hanc nunc illam accepisse. nam si quaeris quo tempore uel a quo uel qua forma haec Fabularum congeries (quam Hygino codex Φ tribuit) conscripta sit, confitendum est nihil certi posse nos dicere. pauca tamen, quae rem minus obscuram reddant, nobis obuia sunt.

Ut multi iam suspicati sunt[9], aliqua cognatio uideri po-

8 In editione sua Rose falso numero 27 adsignat. de hoc codice praestantissimo uide E. A. Lowe, Codices Latini Antiquiores I, 71; J. Fohlen, Recherches sur le manuscrit palimpseste Vatican Pal. Lat. 24, Scrittura e civiltà 3, 1979, 195–222 (praesertim 213). textum codicis N primus edidit B. G. Niebuhr, M. Tullii Ciceronis Orationum pro M. Fonteio et pro C. Rabirio Fragmenta, T. Livii Lib. XCI Fragmentum plenius et emendatius, L. Senecae Fragmenta ex membranis Bibliothecae Vaticanae edita, Romae, 1820, 105–107. hoc codice anno 1990 excusso hic illic litteras aliquot plures quam Niebuhr dispicere poteram. sed pro dolor! folia 45^r + 38^v hodie tam nigra facta sunt ut uix decem litterae dinosci possint. haec lector monendus est, in foliis 45^v + 38^r partem sinistram, in foliis 45^r + 38^v partem dextram exsectam esse.

9 recentissime A. le Bœuffle in sua editione, Hygin, l'Astronomie, Société d'Édition "Les Belles Lettres", Paris, 1983, xxxi–xxxviii, qui etiam credit (prave meo quidem iudicio) eundem Hyginum fuisse atque principis Augusti bibliothecarium.

test inter Fabularum auctorem et illum qùi opus De Astronomia scripsit. nam in Astr. II,12,2 sic legimus: *sed, ut ait Aeschylus, tragoediarum scriptor, in Phorcisi, Graeae fuerunt Gorgonum custodes; de quo in primo libro Genealogiarum scripsimus.* sed Fabulae nostrae neque in libros diuiduntur neque hunc mythum tractant. una tamen similitudo inter haec duo opera iam discerni potest. nam loci Astr. II,4,3 et Fab. CXXX ita arta coniunctione inter. se implicati sunt ut uix de diuersis auctoribus putare possimus.

Item de temporibus antiquis alterum uestigium persequi licet. nam apud Hermeneumata Leidensia (ed. G. Goetz, CGL III, 56,30–69,38), quae nesciocui Dositheo adtribuuntur, sic legimus: *Μαξίμῳ καὶ Ἄπρῳ ὑπάτοις πρὸ γ´ ἰδῶν Σεπτεμβρίων Ὑγίνου γενεαλογίαν πᾶσιν γνωστὴν μετέγραψα, ἐν ᾗ ἔσονται πλείονες ἱστορίαι διερμηνευμέναι ἐν τούτῳ τῷ βιβλίῳ*, quae uerba ad annum post Christum natum 207 referenda sunt. hic inueniuntur excerpta quaedam fabulosa, quae etsi Hygini nostri Fabulis aliquo modo similia sunt, saepissime tamen toto mundo discrepant.[10] hinc iterum, nisi fallor, concludendum est librum Fabularum in codice Φ seruatum ultima ex origine fortasse ad aliquem Hyginum esse referendum, sed uix eandem formam eandemque materiam hodie praebere.

Iam supra dixi de alio teste antiquissimo (fragmenta dico exigua in codice Vaticano Pal. lat. 24 conseruata). item haec, ut uidimus, aliqua simillima, aliqua diuersa continent. hoc unum addendum puto: eam Fabulam cui numerum LXVIIIA dederim, in F inueniri post Fabulam LXXI, itemque Fabulam cui numerum LXVIIIB adsignarim, in codice N post Fabulam LXXI legi. quid? nonne

---

10 Loca simillima inter Testimonia citaui.

fatendum est hunc errorem in Hygini textum iam saeculo quinto inrepsisse?

Altera Fabularum nostrarum uestigia in commentis ad Statii opera apparent, quae alicui Lactantio Placido tribuuntur, saeculo fortasse quinto scriptis. plurimi loci Fabularum uerbis ita similes sunt[11] uix ut dubitari possit Placidum illum e Fabulis sua commenta saepissime traxisse.

E posteris, ut uidetur, saeculis iisdemque incertis duo alii testes oriuntur. primum dico Scholia illa Vallicelliana ad Isidori Etymologias conscripta,[12] quae in codice saeculo undecimo, ut creditur, exarato inuenta sunt; quae Scholia ipso nomine "Eginum" citant, manifesteque e Fabulis aliqua hauriunt. iterum tamen suspicari licet scholiastae istius librum Fabularum hic illic multum a nostro dissimilem fuisse.

Postremo loco Scholia ad Germanici Aratea[13] adduco, quae quamuis saeculo ignoto ab auctore incognito scripta, ad nostras tamen Fabulas aliquo modo sunt conferenda.

Quid aliud de Fabularum fortuna cognosci potest? nihil, nisi quod saeculo duodecimo ab Arnulfo Aurelianensi in commentis suis ad Ouidii Metamorphoses fortasse semel adhibentur.[14] illud enim manifeste patet,

11 Vide quae inter Testimonia passim citantur.
12 Edidit J. Whatmough, Bulletin du Cange, 1925, 57–75; 134–169.
13 Haec leguntur apud Germanici Caesaris Aratea cum Scholiis, edidit Alfred Breysig, Berlin, 1867 (reimpressa Hildesheim, 1967).
14 Jean Holzworth, Light from a Medieval Commentary on the text of the Fabulae and Astronomica of Hyginus, Classical Philology 38, 1943, 126–131.

usque ad saeculum sextum decimum has Fabulas paucis scriptoribus cognitas esse. quid quod in auctoribus celeberrimis, utputa Seruio, Isidoro Hispalensi, Mythographis Vaticanis, nusquam, nisi fallor, inueniri possunt? nam etsi hic illic similia tales auctores tractant, nullo modo de Hygino ducta putes.

Hinc concludi potest tempore incerto (secundo fortasse post Christum natum saeculo) congeriem rerum mythicarum factam esse ab auctore incognito (fortasse Hygino nomine). ab eo tempore haec farrago uel additamentis[15] suppleta uel multis modis reformata est, usque dum circa annum˙ 900 codex Φ scriptus est.

Nunc de Fabularum editionibus dicendum est, uel potius eis quae aliquid boni fructus uerbis Hyginianis adtulerunt. iam supra editionem illam Micylli (*Mi*) principem (Basileae, 1535) citaui, quae uelis nolis Fabularum fundamentum est. siglo *Mi*² hic illic hanc editionem iteratam correctamque nomino.

Postea in lucem prodiit editio ab H. Commelino (*Comm*) adcurata, quae sic inscripta est: *Mythologici latini. In quibus C. Iulij Hygini ... Fabularum liber I ... Omnes recensuit Hieronymus Commelinus ... [Heidelberg] 1599.* paucis tantummodo locis uerba Hygini sanauit.

Optime de Fabulis meritus est uir sagacissimus J. Scheffer (*Sr*), cuius editio hunc habet titulum: *Hygini quae hodie extant adcurante Joanne Scheffero ... Accedunt & Thomae Munckeri in fabulas Hygini annotationes ... Hamburgi ... & Amsterodami. MDCLXXIV.*

Praeterea ipse Muncker (*Mu*) paulo post suam editionem protulit sic inscriptam: *Mythographi latini. C. Jul. Hygi-*

---

15 Euidentissimi sunt loci e Fulgentio (Fab. CLXIV) et e Seruio (Fabb. CCLVIII–CCLXI) sumpti.

nus. Fab. Planciades Fulgentius. Lactantius Placidus. Albricus Philosophus. Thomas Munckerus omnes ex libris MSS partim, partim conjecturis uerisimilibus emendauit, & commentariis perpetuis, qui instar bibliothecae historiae fabularum esse possint, instruxit ... Amstelodami ... MDCLXXXI.

Hic illic aliquid boni adtulit editio ab Aug. van Staveren *(Stav)* confecta: *Auctores mythographi latini. Cajus Julius Hyginus ... Curante Augustino van Staveren, qui & suas animaduersiones adjecit. Lugd. Bat. ... Amstelaed. ... 1742.*

Saeculo demum nono decimo prodiit editio quam B. Bunte *(Bunte)* curauit sic inscripta: *Hygini Fabulae. Edidit Bernhardus Bunte. Lipsiae sumptibus Librariae Dykianae [1856].* compluribus locis uerba tradita acute correxit.

Maius opus mouit uir doctus M. Schmidt *(St)*: *Hygini Fabulae. Edidit Mauricius Schmidt. Jenae apud Hermannum Dufft (in Libraria Maukiana). MDCCCLXXII.* sed etsi persaepe de Fabularum mendis recte iudicauit, ita ingenio suo indulsit uix ut aliquid intactum relinqueret.

Postremo nostra aetas editionem palmarem ab H. J. Rose *(Rose)* adcuratam uidit, quae sic inscripta est: *Hygini Fabulae. Recensuit, prolegomenis commentario appendice instruxit H. I. Rose ... Lugduni Batauorum apud A. W. Sijthoff [1933],* (reimpressa 1963 et 1967). qua erat doctrina rerumque mythicarum peritia uerbis Hyginianis plurimam lucem praesertim in Commentario suo infudit. sed hoc in memoria tenendum est, unam tantum fragmentorum codicis Φ seriem huic editori cognitam esse, alteram nondum e tenebris erutam esse. multa praeterea menda in eius editione inueniuntur, praesertim quod in centum fere locis uerba editionis Micylli (**F**) praue citat.[16]

16 Non haec dico ut uiro doctissimo commulcium faciam, sed ut lectoris usui consulam.

per totum igitur apparatum criticum errores a Rose admissos notaui, ueras editionis F lectiones adposui.

Postremo restat ut pauca de rationibus huius editionis exponam. illud enim maximi momenti putabam, ut lectiones codicis Φ quam accuratissime nuntiarem; deinde ut lectiones editionis Micylli e codice Φ haustas (F) omni erroris nebula remota lectoris oculis subicerem. praeterea id enisus sum ut uerba Hygini quam emendatissima repraesentarem, nomina ad formam solitam redigerem, coniecturas uirorum doctorum (praesertim Micylli, Scheffer, Muncker) maxima cum cura pensitarem. ubicumque nihil certi elici poterat, lectionem probabiliorem haesitanter recepi. item quia Fabulae nostrae ita additamentis auctae uel uariationibus immutatae ab homine, ut uerum fatear, foedissime indocto uidentur, multis in locis soloeca uel etiam barbara dolenter admisi. postremo hoc lectorem monitum uolo, codicem Φ, quoad sciam, nullum uerbum Graecis litteris, omnia potius Latinis praebuisse. illam igitur regulam habui ut litteras retinerem Latinas, nisi lectoris usui impedimento esset.

Scribebam Amherstiae, anno 1992   P. K. M.

CONSPECTVS AVCTORVM

Argenio, R., Ricostruzione dell'Antiope di Pacuvio, Rivista di Studi Classici 6, 1958, 50–58

Arrigoni, G., "Iuppiter Victor" a Delphi, Acme 35, 1982, 19–27

Borecký, B., La tragédie Alopé d'Euripide, Studia antiqua Antonio Salač septuagenario oblata, sumptibus Academiae Scientiarum Bohemoslovenicae, Pragae, 1955, 82–89

Brakman, C., Hyginiana, Mnemosyne N.S. 47, 1919, 378–381

Breen, A. B., The Fabulae Hygini reappraised: a reconsideration of the content and compilation of the work, diss., Urbana, Illinois, 1991

Bursian, K., Ex Hygini genealogiis excerpta a Conrado Bursian restituta, (progr.), Turici, formis Zuecheri et Furreri, 1868

–, Emendationes Hyginianae, Index scholarum aestiuarum publice et priuatim in Vniuersitate litterarum Ienensi, Ienae, in Officina Neuenhahni, 1874

Castiglioni, L., Censura ed. Rose, Athenaeum N.S. 12, 1934, 174–181

Cipriani, G., Una nuova versione della fine di Scilla Megarese?, Siculorum Gymnasium 26, 1973, 349–355

Combellack, C. R. B., The identity and origin of Eurychus in the ships' catalog of Hyginus, American Journal of Philology 69, 1948, 190–196

Cretia, G., Censura ed. Rose[2], Studii Clasice 9, 1967, 332–333

Dale, A. M., Censura ed. Rose, Classical Review 48, 1934, 196

Daris, S., Intorno a due papiri mitografici, Aegyptus 39, 1959, 18–22

–, P. Med. Inv. 123, American Studies in Papyrology 7, 1970, 97–102 (= Proceedings of the XII International Congress of Papyrology)

Deonna, W., Μονοκρήπιδες, Revue de l'Histoire des Religions 112, 1935, 50–72

Desmedt (uel Maeck-Desmedt), C., Fabulae Hygini, Revue Belge de philologie et d'histoire 48, 1970, 26–35

–, Fabulae Hygini: VIII. Eadem Euripidis quam scribit Ennius, Revue Belge de philologie et d'histoire 50, 1972, 70–77

–, Fabulae Hygini, Bollettino di Studi Latini 3, 1973, 26–34

Dietze, J., Zur Schriftstellerei des Mythographen Hyginus, Rheinisches Museum 49, 1894, 21–36

Ernout, A., Censura ed. Rose, Revue de Philologie 61, 1935, 119–120

Fitch, E., Censura ed. Rose, American Journal of Philology 56, 1935, 420–422

Fohlen, J., Recherches sur le Manuscrit Palimpseste Vatican, Pal. Lat. 24, Scrittura e Civiltà 3, 1979, 195–222

Fontenrose, J., The Sorrows of Ino and of Procne, Transactions of the American Philological Association 79, 1948, 125–167

Gallavotti, C., Nuove Hypotheseis di drammi Euripidei, Rivista di Filologia e di Istruzione Classica 61, 1933, 177–188

–, I cani di Atteone in Ovidio e Igino e nell'epica Greca, Bollettino del Comitato per la preparazione dell'edizione nazionale dei classici greci e latini 17, 1969, 81–91

Giangrande, G., Zum Argonautenkatalog des Hyginus, Wiener Studien N.F. 8, 1974, 77–79

–, Three textual problems in Hyginus, Museum Philologum Londiniense 1, 1975, 121–125

Giarratano, C., Censura ed. Rose, Bollettino di Filologia Classica 40, 1935, 318–319

Grant, M., The Myths of Hyginus, Univ. of Kansas, 1960

Griffin, A. H. F., Hyginus, Fabula 89 (Laomedon), Classical Quarterly N.S. 36, 1986, 541

Grilli, A., I cani d'Atteone: Igino e il P. Med. Inv. 123, la Tradizione poetica, La Parola del Passato 26, 1971, 354–367

–, La vicenda di Oreste e Ifigenia in Igino (Fab. 120–121), Rivista di Filologia e di Istruzione Classica 103, 1975, 154–156

Halm, C., Fragmente aus dem Cod. Fris. des Hyginus, Sitzungsberichte der könig. Bayerischen Akademie der Wissenschaften (philosophisch-philologische Classe) 1870, 317–326

Hanell, K., Megarische Studien, Lund, 1934 (praesertim p. 188)

Haynes, S., Drei neue Silberbrecher im British Museum, Antike Kunst 4, 1961, 30–36

Heraeus, W., Tutarchus, Archiv für lateinische Lexikographie und Grammatik, Leipzig (15 vol., 1884–1908), vol. 12, 93

Herrmann, L., Autour des Fables de Phèdre, Latomus 7, 1948, 197–207

Holzworth, J., Light from a medieval commentary on the text of the Fabulae and Astronomica of Hyginus, Classical Philology 38,1943, 126–131

Hošek, R., K Uloze Mythu v Antické Literatuře (Zur Frage des Mythos in der antiken Literatur), Sborník praci Filosofick e faculty Brnenské Univ. 1955, 63–74

Hosius, C., Censura ed. Rose, Philologische Wochenschrift 54, 1934, 858–863

Karides, I., ΦΟΡΩΝΕΥΣ ΠΑΤΗΡ ΘΝΗΤΩΝ ΑΝΘΡΩΠΩΝ, ΦΙΛΤΡΑ: ΤΙΜΗΤΙΚΟΣ ΤΟΜΟΣ Σ. Φ. ΚΑΨΩΜΕΝΟΥ, Thessalonike, 1975, 53–60

Keith, A., Censura ed. Rose, Classical Journal 31, 1935, 52–53

Kellogg, G., New Readings from the Freising Fragment of the Fables of Hyginus, American Journal of Philology 20, 1899, 406–411

King, H., Agnodike and the Profession of Medicine, Proceedings of the Cambridge Philological Society 32, 1986, 53–77

Klinger, W., Tradedja Eurypidesa Archelaos: próba rekonstrukcji, Bulletin international de l'Académie polonaise des sciences et des lettres, Classe de philologie, Classe d'histoire et de philosophie, 1935, 99–103

Knaack, G., Harpalyke, Rheinisches Museum 49, 1894, 526–531

–, Zu der Legende von der guten Tochter, Neue Jahrbücher für klassische Altertumswissenschaft 13, 1904, 464

Lafaye, G., L'Âne et la Vigne (Hygin, Fabulae, 274,1) Revue de Philologie N.S. 38, 1914, 174–181

La Penna, A., Coniectanea et Marginalia I, Philologus 106, 1962, 267–276

Lee, G. M., Latinism and Graecism, Latomus 24, 1965, 954

Lehmann, P., Fragmente, Abhandlungen der Bayerischen Akademie der Wissenschaften (philosophisch-historische Abteilung), Neue Folge 23, 1944, 3–47, praesertim pp. 37–47

Liénard, E., Autour de la Naissance de Zeus, Latomus 1, 1937, 9–13

–, Les Niobides, Latomus 2, 1938, 20–29

–, Lemniades, Latomus 2, 1938, 96–105

–, Pro Hygini Argonautarum Catalogo, Latomus 2, 1938, 240–255

–, Obscurités d'Hygin, L'Antiquité classique 9, 1940, 47–51

–, Atreus Hygini, Latomus 22, 1963, 56–67

Löfstedt, E., Syntactica, vol. I, Lund, 1942

–, Coniectanea, vol. I, Uppsala, 1950

Luppe, W., Euripides-Hypotheseis in den Hygin-Fabeln 'Antiope' und 'Ino'?, Philologus 128, 1984, 41–59

Mantero, T., Una "Crux" nella Narrativa Iginiana e l'ignoto figlio di Leucothoe, La Struttura della Fabulazione Antica, Genova, 1979, 129–198

Martin, A., La préface de l'astronomie d'Hygin, Latomus 7, 1948, 209–211

Martin, R., Censura ed. Rose², Revue des Études latines 41, 1963, 494–495

Masciadri, V., Autolykos und der Silen, eine übersehene Szene des Euripides bei Tzetzes, Museum Helveticum 44, 1987, 1–7

Matakiewicz, H., De Hygino Mythographo, Eos 34, 1932–33, 93–110

Mesk, J., Die Antigone des Euripides, Wiener Studien 49, 1931, 1–12

Meuli, K., Unser Text der Fabulae Hygins, ΑΝΤΙΔΩΡΟΝ, Festschrift Jacob Wackernagel zur Vollendung des 70.Lebensjahres, 1923, 231–239

Niebuhr, B. G., M. Tullii Ciceronis Orationum pro M. Fonteio et pro C. Rabirio Fragmenta … ex membranis Bibliothecae Vaticanae edita, Romae, 1820, praesertim pp. 105–107

Ohlert, K., Zur antiken Räthseldichtung, Philologus 56, 1897, 612–615

Oroz-Reta, J., Censura ed. Rose², Helmantica 15, 1964, 279–280

Piccaluga, G., Pandora e i done di nozze, Miscellanea di studi classici in onore di Eugenio Manni, Roma, 1980, 1735–1750
Préaux, J., Censura ed. Rose², L'Antiquité Classique 34, 1965, 617

Rapetti, R., Paniassi ed Eracle iniziato ai misteri Eleusini, Parola del Passato 21, 1966, 131–135
Robert, C., Die Phaethonsage bei Hesiod, Hermes 18, 1883, 434–441
–, Ein Griechischer Pentameter bei Hygin, Hermes 52, 1917, 479
–, Nysius?, Hermes 53, 1918, 224
–, Der Argonautenkatalog in Hygins Fabelbuch, Nachrichten der Akademie der Wissenschaften in Göttingen, Philol.-Hist. Klasse, 1919, 469–500
Rose, H. J., An unrecognized fragment of Hyginus, Fabulae, Classical Quarterly 23, 1929, 96–99
–, Second Thoughts on Hyginus, Mnemosyne N.S. 11, 1958, 42–48
Rowell, H., Censura ed. Rose², American Journal of Philology 85, 1964, 453

Saffrey, H. D., Relire l'Apocalypse à Patmos, Revue Biblique 82, 1975, 385–417 (praesertim p. 411)
Schmidt, M., Versuch über Hyginus, Philologus 25, 1867, 416–438
Schwartz, J., Une Source Papyrologique d'Hygin le Mythographe, Studi in onore di Aristide Calderini e Roberto Paribeni, Milano, 1956–57, vol. II, 151–156
–, Pseudo-Hesiodeia, Leiden, E. J. Brill, 1960, praesertim pp. 297–314
Schwenk, K., Zu Hyginus, Rheinisches Museum 13, 1858, 477
Scodel, R., P. Ox. 3317: Euripides' Antigone, Zeitschrift für Papyrologie und Epigraphik 46, 1982, 37–42
Severyns, A., Censura ed. Rose, Revue Belge 15, 1936, 1009–1010
Stegen, G., Censura ed. Rose², Revue Belge 42, 1964, 1462
–, Hygin, Fabulae 40, 1, Latomus 31, 1972, 1103

Taccone, A., Censura ed. Rose, Il Mondo Classico 6, 1936, 247
Terzaghi, N., Censura ed. Rose, Leonardo, 1934, 324–326
Tescari, O., Censura ed. Rose, Rivista di Filologia e di Istru-
    zione Classica N.S. 12, 1934, 562–564
Tranchant, H., Censura ed. Rose, L'Antiquité Classique 3, 1934,
    539–540

Van Krevelen, D. A., Bemerkungen zu Hygini Fabulae, Philolo-
    gus 103, 1959, 151–152
–, Zu Hyginus, Philologus 110, 1966, 315–318
–, Zu Hyginus, Philologus 112, 1968, 269–275
–, Zu Hyginus, Philologus 116, 1972, 313–319
Vysoký, Z., Euripidovo Dvojí Zpracování báje o Melanippě (Die
    beiden Fassungen der Melanippe-Fabel bei Euripides), Listy
    Filologické, 1964, 17–32

Wagenwoort, H., Censura ed. Rose, Museum 43, 1935, 63–64
Webster, T. B. L., The Andromeda of Euripides, Bulletin of the
    Institute of Classical Studies 12, 1965, 29–33
Werth, A., Animaduersiones ad Hygini Fabulas, Schedae philo-
    logae Hermanno Usener a sodalibus seminarii regii Bonnen-
    sis oblatae, Bonnae, 1891, 109–118
–, De Hygini Fabularum Indole, Teubner, Leipzig, 1901
Whatmough, J., Scholia in Isidori Etymologias Vallicelliana,
    Bulletin Du Cange 2, 1925, 57–75 et 134–169
Wilamowitz-Moellendorff, U. von, Melanippe, Sitzungsberichte
    der Preussischen Akademie der Wissenschaften, 1921, 63–80
Wuilleumier, P., Censura ed. Rose, Revue des Etudes An-
    ciennes 37, 1935, 90

Xanthakis-Karamanos, G., Studies in Fourth-Century Tragedy,
    Athens, 1980, praesertim pp. 48–53
–, P. Oxy. 3317: Euripides' Antigone(?), Bulletin of the Insti-
    tute of Classical Studies, 33, 1986, 107–111

Zuntz, G., The Political Plays of Euripides, Manchester, 1955
    (praesertim cap. 6 "On the Tragic Hypotheseis",
    pp. 129–152)

CONSPECTVS SIGLORVM

Φ   = fragmenta codicis Monacensis clm 6437 + Bibl. Archiepiscopalis 800, circa annum 900 exarati, fortasse Capuae

F   = lectiones e codice Φ secundum editionem Micylli

Mi   = J. Micyllus (ed. 1535)

Comm = Hieronymus Commelinus (ed. 1599)

Sr   = Ioannes Scheffer (ed. 1674)

Mu   = Thomas Muncker (ed. 1681)

Stav   = Aug. van Staveren (ed. 1742)

Bunte = Bernhard Bunte (ed. 1856)

St   = M. Schmidt (ed. 1872)

Rose   = H. J. Rose (ed. 1933)

FABVLARVM HYGINI
PER CAPITA INDEX

Index I *sqq. numeros Arabicos habet* F *per totum Indicem; Romanos restitui* **IV** Eurypidis F

XXVIII Othus F   **XLVI** Erichtheus F   **LII** Mirmy-
dones F   **LIII** Asteriae F   **LV** Titius F   **LVII** Stheneboea *recte* F, *non* -bea

LXXIV Hyosipyle   F,   *typothetae   errore,   ut   uid.*
LXXXVII Aegysthus F

CXVII Clitemnestra F

CLIV Phaeton Hesiod. F

CLXIX Amimone   F   **CLXXI** Althea   F
CLXXXV Athalanta   F   **CLXXXVI** Melampe   F
CXCII Hydon, Hyas alii F, *unde conicere licet* Hyas *excogitasse Mi ipsum*

CXCVIII Nisus *recte* F, *non* Nisu   **CCI** Antolycus F
CCXVII Maleus *Bunte* Maleatas *Rose*

CCXXXIII mortalibus *St* immortalibus F

⟨PRAEFATIO⟩

Ex Caligine Chaos. ex Chao et Caligine Nox Dies Erebus
Aether. ex Nocte et Erebo Fatum Senectus Mors Letum
Continentia Somnus Somnia ⟨Amor⟩, id est Lysimeles,
Epiphron Hedymeles Porphyrion Epaphus Discordia Mi- 5
seria Petulantia Nemesis Euphrosyne Amicitia Misericordia Styx; Parcae tres, id est Clotho Lachesis Atropos; He-
sperides, Aegle Hesperie Aerica.

2   Ex Aethere et Die Terra Caelum Mare.

3   Ex Aethere et Terra Dolor Dolus Ira Luctus Menda- 10
cium Iusiurandum Vltio Intemperantia Altercatio Ob-
liuio Socordia Timor Superbia Incestum Pugna Oceanus
Themis Tartarus Pontus; et Titanes, Briareus Gyges Ste-
ropes Atlas Hyperion et Polus, Saturnus Ops Moneta
Dione; Furiae tres, id est Alecto Megaera Tisiphone.   15

Praef. *sqq. ad totum indicem cf. indicem illum quem praebet Do-*
sitheus CGL 3.57.6 sqq.

Praef. 1 *Titulum* C. IVLII HYGINI AVGVSTI LIBERTI
FABVLARVM LIBER *habet* F, *quem uix e codice haustum censeo;*
inscriptum librum Hygini nomine testatur Mi   **3** Lethe *Sr*
4 Incontinentia *Sr* Contentio *Mu* Conscientia *St*   ⟨Amor⟩
suppl. Rose   **5** Hedyphron *Bursian*   Hedymeles *Bursian* Du-
miles F   **8** Aerica F Erythia *uel* Hestia *uel* Vesta *Mu* Africa
Schwenk   **12** Incestum *Scaliger* ingestum F   **14** Polus *Mi*
Ptolus F

Ex Terra et Tartaro Gigantes, Enceladus Coeus † elen-   4
tesmophius Astraeus Pelorus Pallas Emphytus Rhoecus
† ienios Agrius † alemone Ephialtes Eurytus † effracory-
don Theomises Theodamas Otus Typhon Polybotes Me-
20 nephiarus Abseus Colophomus Iapetus.

Ex Ponto et Mari piscium genera.   5
⟨Ex Oceano et Tethye⟩ Oceanitides, Hestyaea Melite   6
Ianthe Admete Stilbo Pasiphae Polyxo Eurynome Euago-
reis Rhodope † lyris Clytia † teschinoeno Clitemneste Me-
25 tis Menippe Argia. eiusdem seminis Flumina, Strymon
Nilus Euphrates Tanais Indus Cephisus Ismenus Axenus
Achelous Simois Inachus Alpheus Thermodoon Scaman-
drus Tigris Maeandrus Orontes.

25–29 *cf. schol. Vallicell. p. 153 ed. Whatmough*

16 Coemse Lentesmophius F Coeus *Mi tum* Helenius Ophius
Sr (Ophion *malit Mu*) Selenios Strophius *Bursian*   **17** Emp-
hytus *Stav* Emphitus F   Rhoecus *Stav* Phorcus F Phrutus *Mu*
18 Ienios F Clytius *Mu*   Agrius *Mu* agrus F   Alemone F
Alcyoneus *Sr* Palaemon *St*   Eurytus *Mu* Erylus F   Echion
Corydon *Mu*   **19** Theomises *Bursian* Pheomis F   Otus *Mu*
Othus F   Polybotes *Mu* Poliboetes F   Menephiaraus *Mu*
Menecharmus   *Bursian*   **20** Asius   *Mu*   Ascus   *St*
Colophemus   *uel* Polyphemus   *Mu*   Colophonius   *Bursian*
22 *suppl. Bursian*   Petraea *uel* Idothea *Mu* id est (hoc est *malit*
Rose) Idyia *Bunte*   Melite *Meuli* Meliae F Melie *Mu*
23 Admete *Sr* Admeto F   Stilbo *Bursian* siluo F Pluto *St*
Pasiphe F Pasithoe *Mu*   **24** Doris Clytia *Bursian* Lyriscitia F
Lysianassa   *Sr*   Tyche Phoeno *Mu*   Clytie Mnestho *Mu*
Metis *Meuli* Piecus F Perseis *Mu*   **26** Ismenus *Mu* (*ita schol.*
Vallicell.) Ismarus F   Axenus F Axius *Sr* Euenus *Bursian*
28 Maeandrus *Mu* Meandrus F

7   Ex Ponto et Terra Thaumas Ceto Nereus Phorcus.

8   Ex Nereo et Doride Nereides quinquaginta, Glauce 30
Thalia Cymodoce Nesaea Spio Thoe Cymothoe Actaea
Limnoria Melite Iaera Amphithoe Agaue Doto Proto Phe-
rusa Dynamene Dexamene Amphinome Callianassa Do-
ris Panope Galatea Nemertes Apseudes Clymene Ianira
Panopaea Ianassa Maera Orithyia Amathia Drymo 35
Xantho Ligea Phyllodoce Cydippe Lycorias Cleio Beroe
Ephyre Opis Asia Deiopea Arethusa Clymene Creneis Eu-
rydice Leucothoe.

9   Ex Phorco et Ceto; Phorcides, Pemphredo Enyo Persis
(pro hac ultima Dino alii ponunt). ex Gorgone et Ceto 40
Sthenno Euryale Medusa.

10   Ex Polo et Phoebe, Latona Asterie Aphirape Perses
Pallas.

29 Thaumas *Sr* Thoumas F   Ceto Nereus Phorcus *Mu* (*cum
Hesiodi theog. 233 sq.*) Tusciuersus Cepheus F   **30** Dorede F
31 Cymothoe *Mu* Cymothoea F   Actaea *Mu* Actea F
32 Proto *Mu* Protho F   **33** Dynamene *Mu* Dynomene F
34 Panope *Comm* Poenope F   Galatea *Mu* Galathea F
Nemertes *Bunte* Nimertis F, *quod defendit Mu*   **35** Panopaea
del. Stav; Mi putat nomen repetitum (*sicut* Clymene *infra*) *numerum explendi gratia* Pontoporia *Graevius apud Mu*   Orithyia *Mu*
Orithya F   Amathia *Mu* Aemathia F   Drymo *Mu* Drimo F
37 Creneis *Stav* Crenis F   **39** Ceto *Mi* Tetoa F
Pemphredo (*uel* Memphedo) *Mu* Pamphede F   Persis *Bursian*
Chersis F   **40** *in mg.* "*Haec tota pagina in uet. exemplari ita
uetustate obliterata et corrupta erat, ut praeter uestigia literarum, pro-
pemodum nihil deprehendi certo posset*" *Mi*   **42** *hunc locum ualde
corruptum sic emendat Mu ex Hesiodi theog.* Ex Coeo et Phoebe
Latona, Asterie: ex Crio et Eurybie Astraeus, Perses, Pallas
Perses *Mu* Perseis F

45   Ex Iapeto et Clymene, Atlas Epimetheus Promet- 11
heus.

        Ex Hyperione et Aethra, Sol Luna Aurora.   12

        Ex Saturno et Ope, Vesta Ceres Iuno Iuppiter Pluto 13
           Neptunus.

        Ex Saturno et Philyra, Chiron Dolops.   14

50   Ex Astraeo et Aurora, Zephyrus Boreas Notus Fauo- 15
           nius.

        Ex Atlante et Pleione, Maia Calypso Alcyone Me- 16
           rope Electra Celaeno.

    Ex Pallante gigante ⟨et⟩ Styge, Scylla Vis Inuidia Pote- 17
55 stas Victoria Fontes Lacus.

        Ex Neptuno et Amphitrite, Triton.   18

        Ex Dione et Ioue, Venus.   19

        Ex Ioue et Iunone, Mars.   20

        Ex Iouis capite, Minerua.   21

60   Ex Iunone sine patre, Vulcanus.   22

        Ex Ioue et Eurynome, Gratiae.   23

        Ex Ioue rursus et Iunone, Iuuentus Libertas.   24

        Ex Ioue et Themide, Horae.   25

        Ex Ioue et Cerere, Proserpina.   26

65   Ex Ioue et Moneta, Musae.   27

        Ex Ioue et Luna, Pandia.   28

        Ex Venere et Marte, Harmonia et Formido.   29

---

50 Astreo F   **54** *suppl. Mi*   Styge Scilla *Mi* Scylla Stygia
Φ *teste Mi*   **56** Amphitrite *Mi* Amphitrione F   **61** Gratiae
*Mi*² Gratia F   **64** *cum uerbo* Cerere *incipit codicis* Φ *fragmen-*
tum in bibliotheca archiepiscopali apud Monacenses seruatum (*uide*
Praef. p. VIII)   **66** Pandia *Stav* Pandion F   **67** armonia Φ

30   Ex Acheloo et Melpomene; Sirenes, Thelxiepia
Molpe Pisinoe.

31   Ex Ioue et Clymene, Mnemosyne.   70

32   Ex Ioue et Maia, Mercurius.

33   Ex Ioue et Latona, Apollo et Diana.

34   Ex Terra, Python draco diuinus.

35   Ex Thaumante et ⟨Electra⟩; Iris; Harpyiae, Celaeno
Ocypete Podarce.   75

36   Ex Sole et Persa, Circe Pasiphae Aeeta Perses.

37   Ex Aeeta et Clytia, Medea.

38   Ex Sole et Clymene, Phaethon et Phaethontides, Merope Helie Aetherie Dioxippe.

39   Ex Typhone et Echidna; Gorgon, Cerberus, draco qui 80
pellem auream arietis Colchis seruabat, Scylla quae superiorem partem feminae, inferiorem canis habuit, quam
Hercules interemit, Chimaera, Sphinx quae fuit in Boeotia, Hydra serpens quae nouem capita habuit, quam Hercules interemit, et draco Hesperidum.   85

40   Ex Neptuno et Medusa, Chrysaor et equus Pegasus.

41   Ex Chrysaore et Callirhoe, Geryon trimembris.

68 achelo Φ   melphomene Φ   Telxiepia Molpe Pisinoe
Mu teles raidne molphetes tione Φ Telxiope *iam coniecerat Sr*
70 Mnemosine Φ   **73** Terra *Sr* et terra F *nomen alterum deesse
putat Mi, uix recte (cf. fab. 140)*   **74** *suppl. Mi*   Harpyae F
Caeleno F   **75** Podarge *Mu*   **77** Clytia F Idyia *Mu* (*cf.
fab. 25*)   **78** Phaeton et Phaetontides F   **79** Merope *Sr*
Merore F   Etherie Dioxyppe F   **82** quam ... interemit *secl.
Bursian*   **84** ydra Φ   **85** et *sup. lin.* Φ   **86** et[2] *sup. lin.* Φ
87 Chrysaore Φ *corr. e* Chrysaere, *ut uid.*   gallirhoe Φ

I THEMISTO

Athamas Aeoli filius habuit ex Nebula uxore filium Phrixum et filiam Hellen, et ex Themisto Hypsei filia filios
duos, Sphincium et Orchomenum, et ex Ino Cadmi filia
5 filios duos, Learchum et Melicerten. Themisto, quod se
Ino coniugio priuasset, filios eius interficere uoluit; itaque in regia latuit clam et occasione nacta, cum putaret
se inimicae natos interfecisse, suos imprudens occidit, a
nutrice decepta quod eis uestem perperam iniecerat. The-
10 misto cognita re ipsa se interfecit.

II INO

Ino Cadmi et Harmoniae filia, cum Phrixum et Hellen ex
Nebula natos interficere uoluisset, init consilium cum to-
tius generis matronis et coniurauit ut fruges in sementem
5 quas darent torrerent, ne nascerentur; ita ut, cum sterilitas et penuria frugum esset, ciuitas tota partim fame,
partim morbo interiret. de ea re Delphos mittit Athamas 2
satellitem, cui Ino praecepit ut falsum responsum ita referret: si Phrixum immolasset Ioui, pestilentiae fore fi-
10 nem. quod cum Athamas se facturum abnuisset, Phrixus
ultro ac libens pollicetur se unum ciuitatem aerumna liberaturum. itaque cum ad aram cum infulis esset adduc- 3

I,4 Sphingium *St* (*van Krevelen*) Schoeneum *Mu sed u.*
fab. 239   II,2 armonie Φ   fhrixum Φ   3 uoluisset *corr. e*
uoluit Φ   init Φ iniit F   5 darent *habet* Φ

tus et pater Iouem comprecari uellet, satelles misericordia adulescentis Inus Athamanti consilium patefecit; rex
facinore cognito, uxorem suam Ino et filium eius Meli- 15
4 certen Phrixo dedidit necandos. quos cum ad supplicium
duceret, Liber pater ei caliginem iniecit et Ino suam nutricem eripuit. Athamas postea, ab Iunone insania
5 obiecta, Learchum filium interfecit. at Ino cum Melicerte
filio suo in mare se praecipitauit; quam Liber Leucot- 20
heam uoluit appellari, nos Matrem Matutam dicimus,
Melicerten autem deum Palaemonem, quem nos Portu-
num dicimus. huic quinto quoque anno ludi gymnici fiunt, qui appellantur Ἴσθμια.

III   PHRIXVS

Phrixus et Helle insania a Libero obiecta cum in silua errarent, Nebula mater eo dicitur uenisse et arietem inaura-
tum adduxisse, Neptuni et Theophanes filium, eumque
natos suos ascendere iussit et Colchos ad regem Aeetam 5
2 Solis filium transire ibique arietem Marti immolare. ita

II,18 sqq. cf. Lact. Plac. ad Stat. Theb. 7.421   III,2 sqq. cf.
Lact. Plac. ad Stat. Theb. 2.281

13 uerba et pater ... uellet, quae habet F, neglegenter om. Rose
15 Ino F inon Φ   16 phryxo Φ   17 Ino F inon Φ
18 iunone Φ ioue F   III,2 Helle Mi Hellen F   5 Aetam
F Aeolum Rose, neglegentia, ut uid.

dicitur esse factum; quo cum ascendissent et aries eos in
pelagus detulisset, Helle de ariete decidit, ex quo Hellespontum pelagus est appellatum, Phrixum autem Colchos
10 detulit; ibi matris praeceptis arietem immolauit pellemque eius inauratam in templo Martis posuit, quam seru-
ante dracone Iason Aesonis et Alcimedes filius dicitur pe-
tisse. Phrixum autem Aeeta libens recepit filiamque   3
Chalciopen dedit ei uxorem; quae postea liberos ex eo
15 procreauit. sed ueritus est Aeeta ne se regno eicerent,
quod ei responsum fuit ex prodigiis ab aduena Aeoli filio
morte caueret; itaque Phrixum interfecit. at filii eius, Ar- 4
gus Phrontis Melas Cylindrus, in ratem conscenderunt, ut
ad auum Athamantem transirent: hos Iason cum pellem
20 peteret, naufragos ex insula Dia sustulit et ad Chalciopen
matrem reportauit, cuius beneficio ad sororem Medeam
est commendatus.

IV   INO EVRIPIDIS

Athamas in Thessalia rex cum Inonem uxorem, ex qua
duos filios ⟨susceperat⟩, perisse putaret, duxit nymphae
filiam Themistonem uxorem; ex ea geminos filios procre-

12 Alcimedes F (cf. fab. 13) Alcimedis Rose, errore, ut uid.
14 Chalciopen Mi Calliopen F   17 morte F, non mortem
18 Citorus Mi, sed u. fabb. 14.30 et 21.2   19 Athamentem
Rose, errore, ut uid.   20 Chalciopen   Mi Calliopen   F
IV,3 suppl. Mu ⟨habebat⟩ Luppe, alii alia   nymphae F Hypsei
Mu   4 ⟨et⟩ ex Mu

MAGDALEN COLLEGE LIBRARY

2 auit. postea resciit Inonem in Parnaso esse, quam baccha- 5
  tionis causa eo peruenisse; misit qui eam adducerent;
3 quam adductam celauit. resciit Themisto eam inuentam
  esse, sed quae esset nesciebat. coepit uelle filios eius ne-
  care; rei consciam quam captiuam esse credebat ipsam
  Inonem sumpsit, et ei dixit ut filios suos candidis uesti- 10
4 mentis operiret, Inonis filios nigris. Ino suos candidis,
  Themistonis pullis operuit; tunc Themisto decepta suos
5 filios occidit; id ubi resciit, ipsa se necauit. Athamas autem in uenatione per insaniam Learchum maiorem filium suum interfecit; at Ino cum minore filio Melicerte 15
  in mare se deiecit et dea est facta.

                              V   ATHAMAS

Semele quod cum Ioue concubuerat, ob id Iuno toto ge-
neri eius fuit infesta; itaque Athamas Aeoli filius per insaniam in uenatione filium suum interfecit sagittis.

                              VI   CADMVS

Cadmus Agenoris et Argiopes filius, ira Martis quod draconem fontis Castalii custodem occiderat suorum prole
interempta, cum Harmonia Veneris et Martis filia uxore
sua in Illyriae regionibus in dracones sunt conuersi.   5

    5 quam *Mu* quae F atque *Mi* eamque *Castiglioni* (*uel* perue-
nisset) bacchationisque   *Sr*   **VI,2** Argyopes (*sic*) *Mi*
Agrisopes F

VII   ANTIOPA

Antiopa Nyctei filia ab Epapho per dolum est stuprata,
itaque a Lyco uiro suo eiecta est. hanc uidam Iuppiter
compressit. at Lycus Dircen in matrimonium duxit, cui 2
5 suspicio incidit uirum suum clam cum Antiopa concubuisse; itaque imperauit famulis ut eam in tenebris
uinctam clauderent. cui postquam partus instabat, effugit 3
ex uinculis Iouis uoluntate in montem Cithaeronem;
cumque partus premeret et quaereret ubi pareret, dolor
10 eam in ipso biuio coegit partum edere. quos pastores pro 4
suis educarunt et appellarunt Zeton, ἀπὸ τοῦ ζητεῖν τό-
πον, alterum autem Amphionem, ὅτι ἐν διόδῳ ἢ ὅτι ἀμφὶ
ὁδὸν αὐτὸν ἔτεκεν, id est quoniam in biuio eum edidit.
qui postquam matrem agnouerunt, Dircen ad taurum in- 5
15 domitum deligatam uita priuarunt, ex cuius corpore in
monte Cithaerone fons est natus qui Dircaeus est appellatus, beneficio Liberi, quod eius baccha fuerat.

VII,1 *sqq. cf. Lact. Plac. ad Stat. Theb. 4.570; Myth. Vat. 1.97;*
2.74; schol. ad Persium 1.77

VII,2 Epopeo *Mi, sed* Epapho *habent etiam Lact. Plac. et Myth.*
Vat.   6 impetrauit a famulis *Lact. Plac. (non Myth. Vat.)*
8 Cytheronem F   12 autem F uero *Rose (unde?)*   15 corpore F sanguine *Myth. Vat., unde* cruore *St*   16 Cytherone F
Dirceus F · 17 quod eius F cuius *Rose (errore, nisi fallor)*

20 HYGINVS

VIII EADEM EVRIPIDIS quam scribit Ennius

Nyctei regis in Boeotia fuit filia Antiopa; eius formae bo-
2 nitate Iuppiter adductus grauidam fecit. quam pater cum
punire uellet propter stuprum minitans periculum, Antiopa effugit. casu in eodem loco quo illa peruenerat Epa- 5
phus Sicyonius stabat; is mulierem aduectam domo ma-
3 trimonio suo iunxit. id Nycteus aegre ferens, cum
moreretur Lyco fratri suo per obtestationem mandat, cui
tum regnum relinquebat, ne impune Antiopa ferret;
huius post mortem Lycus Sicyonem uenit; interfecto Epa- 10
pho Antiopam uinctam adduxit in Cithaeronem; parit geminos et reliquit, quos pastor educauit, Zetum et Am-
4 phionem nominauit. Antiopa Dirce uxori Lyci data erat in
cruciatum; ea occasione nacta fugae se mandauit; deuenit ad filios suos, ex quibus Zetus existimans fugitiuam 15
non recepit. in eundem locum Dirce per bacchationem
Liberi illuc delata est; ibi Antiopam repertam ad mortem
5 extrahebat. sed ab educatore pastore adulescentes certio-
res facti eam esse matrem suam, celeriter consecuti matrem eripuerunt, Dircen ad taurum crinibus religatam ne- 20
6 cant. Lycum cum occidere uellent, uetuit eos Mercurius,
et simul iussit Lycum concedere regnum Amphioni.

VIII,1 quam scribit Ennius *del. Rose; de hac adnotatione scrip-*
serunt multi, inter quos nomino Argenio, Desmedt-Maeck, Robert,
Schmidt; ad titulum fab. 9 transfert Liénard **2** Boeocia F
5 Epopeus *Mi, sed. u. fab. 7* **7** Nyctaeus F **10** Sycionem
F **11** Cytheronem F ⟨ibi⟩ parit *mire Castiglioni* **17** illuc F illic ⟨culti⟩ *Wecklein; del. Luppe*

IX   NIOBE

Amphion et Zetus Iouis et Antiopes Nyctei filii iussu
Apollinis Thebas muro circumcinxerunt usque ad Semelae bustum, Laiumque Labdaci regis filium in exsilium
5 eiecerunt, ipsi ibi regnum obtinere coeperunt. Amphion 2
in coniugium Niobam Tantali et Diones filiam accepit,
ex qua procreauit liberos septem totidemque filias; quem
partum Niobe Latonae anteposuit, superbiusque locuta
est in Apollinem et Dianam, quod illa cincta uiri cultu
10 esset, et Apollo ueste deorsum atque crinitus, et se numero filiorum Latonam superare. ob id Apollo filios eius 3
in silua uenantes sagittis interfecit, et Diana filias in regia
sagittis interemit praeter Chloridem. at genetrix liberis
orba flendo lapidea facta esse dicitur in monte Sipylo, ei-
15 usque hodie lacrimae manare dicuntur. Amphion autem 4
cum templum Apollinis expugnare uellet, ab Apolline sagittis est interfectus.

X   CHLORIS

Chloris Niobes et Amphionis filia quae ex septem superauerat. hanc habuit in coniugem Neleus Hippocoontis filius, ex qua procreauit liberos masculos duodecim. Her- 2

IX,3 Semelae bustum *Turnebus, aduers. lib. 28.43* (Semeles
mauult Barthius) Semedustum F   **6** Diones *Sr* Dionei F
10 ueste deorsum *scripsi* uestem deorsum F uestem deorsum
⟨haberet⟩ *Mi* ueste demissa *Bursian*   **12** interfecit *Stav*
interfecit in monte Sipylo F   **15** manare *Tollius apud Sr*
manere F   **X,2** Niobes et *Salmasius* in urbe Seti F

cules cum Pylum expugnaret, Neleum interfecit et filios 5
eius decem, undecimus autem Periclymenus beneficio
Neptuni aui in aquilae effigiem conuersus mortem effu-
3 git. nam duodecimus Nestor in Ilio erat, qui tria saecula
uixisse dicitur beneficio Apollinis; nam quos annos Chloridis fratrum Apollo eripuerat, Nestori concessit.   10

XI   NIOBIDAE

Lerta Tantalus Ismenus Eupinus Phaedimus Sipulus
Chiade Chloris Astygratia Siboe Sictothius Eudoxa Ar-
chenor Ogigia. hi sunt filii et filiae Niobae uxoris Amphionis.   5

XII   PELIAS

Peliae Crethei et Tyrus filio responsum erat ut Neptuno
sacrum faceret, et si quis monocrepis, id est uno pede cal-

XII,2 *cf. Lact. Plac ad Stat. Theb. 3.516; 5.336; schol. Vallicell.*
p. 162 ed. Whatmough

6 Periclymenus *Sr* Periclymenis F   **8** Ilio F   exilio
Barthius   **9** Chloridis *Mu* Chloris et F   **XI,2** *hoc capitulum*
corruptissimum sic habet F *"non modo corrupta haec, sed etiam*
transposita nomina uidentur ... et erant quoque in uetust. exemp. era-
sae quaedam literae, et pro iis aliae ab indocto, ut apparet, quopiam
repositae" notat Mi; num hinc pendeant series nominum in Lact. Plac.
ad Stat. Theb. 3.191 et Myth. Vat. 1.156 incertum est; u. etiam
fab. 69.7   Thera *Mu*   Eupinytus *Mu*   **3** Chias *Mu (cum*
fab. 69)   Astycratia *Mu e fab. 69*   Sictothius F Dama-
sichthon *Sr*

ciatus superuenisset, tum mortem eius appropinquare. is   2
5 cum annua sacra faceret Neptuno, Iason Aesonis filius,
fratris Peliae, cupidus sacra faciendi, dum flumen Euhenum transiret calciamentum reliquit; quod ut celeriter ad
sacra ueniret neglexit. id Pelias inspiciens, memor sor-   3
tium praecepti iussit eum pellem arietis quam Phrixus
10 Marti sacrauerat inauratam Colchis ab rege Aeeta hoste
petere. qui conuocatis Graeciae ducibus Colchos est pro-   4
fectus.

XIII   IVNO

Iuno cum ad flumen Euhenum in anum se conuertisset et
staret ad hominum mentes tentandas, ut se flumen Euhenum transferrent, et id nemo uellet, Iason Aesonis et Al-
5 cimedes filius eam transtulit: ea autem irata Peliae quod
sibi sacrum intermiserat facere, effecit ut Iason unam cre-
pidam in limo relinqueret.

XIV   ARGONAVTAE CONVOCATI

Iason Aesonis filius et Alcimedes Clymeni filiae et Thes-
salorum dux. Orpheus Oeagri et Calliopes Musae filius,
Thrax, urbe Fleuia, quae est in Olympo monte ad flumen

XIV,3 *cf. Dositheum CGL 3.58.7–9*

XII,8 inspiciens *Mi*   inspicies F   **9** Phryxus F
XIV,2 Climeni F   **4** Fleuia F Pymplaea *dubitanter Mi ex*
Apollonio Pimplaea *St* Pieria *Sr*

Enipeum, mantis citharista. Asterion Pyremi filius, matre 5
Antigona Pheretis filia, ex urbe Pellene. alii aiunt Hyperasii filium, urbe Piresia quae est in radicibus Phyllei
montis qui est in Thessalia, quo loco duo flumina, Apida-
nus et Enipeus, separatim proiecta in unum conueniunt.
2 Polyphemus Elati filius, matre Hippea Antippi filia, Thes- 10
salus ex urbe Larissa, pedibus tardus. Iphiclus Phylaci filius, matre Clymene Minyae filia, ex Thessalia, auuncu-
lus Iasonis. Admetus Pheretis filius, matre Periclymene
Minyae filia ex Thessalia, monte Chalcodonio, unde oppidum et flumen nomen traxit. huius Apollinem pecus 15
3 pauisse ferunt. Eurytus et Echion Mercurii et Antianirae
Meneti filiae filii, ex urbe Alope, quae nunc uocatur
Ephesus; quidam auctores Thessalos putant. Aethalides
Mercurii et Eupolemiae Myrmidonis filiae filius; hic fuit
Larissaeus. ⟨Coronus Caenei filius⟩, urbe Gyrtone, quae 20
4 est in Thessalia. hic Caeneus Elati filius, Magnesius,
ostendit nullo modo Centauros ferro se posse uulnerare,
sed truncis arborum in cuneum adactis; hunc nonnulli feminam fuisse dicunt, cui petenti Neptunum propter co-

5 mantis *Stav* Martis F *del. Giangrande* Pyremi F
Cometae *Mi* Crispi *Robert* **6** Pellene *Mu* Peline F Piresia
Robert Hyperasii *Unger* Prisci F **7** Phyllaei F **12** Clymene *Mi* Periclymene F **14** Minyae *Mi* Minois F
Calcodonio F **16** Antianirae Meneti *Sr* Antreatae Mereti F
17 filii *Mu* filius F **18** Ephesus *Sr* Ehesus F Ethalides F
19 Mirmydonis F **20** Larisseus F *suppl. Mu (praeeunte Sr)*
21 hic F itaque *Robert* Caeneus Elati filius *huc*
transposuit Rose; post adactis *habet* F **23** ⟨ut⟩ in *Robert*
cumulum adiectis *Sr* eum coniectis *uel* congestis *Mu* adactis
⟨necatus est⟩ *Robert*

25 nubium optatum dedisse ut in iuuenilem speciem conuersus nullo ictu interfici posset. quod est nunquam
factum, nec fieri potest ut quisquam mortalis non posset
ferro necari aut ex muliere in uirum conuerti. Mopsus   5
Ampyci et Chloridis filius; hic augurio doctus ab Apolline
30 ex Oechalia uel ut quidam putant Titarensis. Eurydamas
Iri et Demonassae filius, alii aiunt Ctimeni filium, qui
iuxta lacum Xynium Dolopeidem urbem inhabitabat.
Theseus Aegei et Aethrae Pitthei filiae filius, a Troezene;
alii aiunt ab Athenis. Pirithous Ixionis filius, frater Cen- 6
35 taurorum, Thessalus. Menoetius Actoris filius, Opuntius.
Eribotes Teleontis filius, ab Eleone. Eurytion Iri et De-   7
monassae filius. Ixition ab oppido Cerintho. Oileus Ho-
doedoci et Agrianomes Perseonis filliae filius, ex urbe
Narycea. Clytius et Iphitus Euryti et Antiopes Pylonis fi- 8
40 liae filii, reges Oechaliae; alii aiunt ex Euboea. hic con-
cessa ab Apolline sagittarum scientia, cum auctore mune-
ris contendisse dicitur. huis filius Clytius ab Aeeta
interfectus est. Peleus et Telamon Aeaci et Endeidos Chironis filiae filii ab Aegina insula. qui ob caedem Phoci
45 fratris relictis sedibus suis diuersas petierunt domos, Pe-

30 Titarensis *Mu* Lyparensis F Titaresius *Mi*   **33** Pytthei
F   **34** Pirythous F   **35** Opuntius *Stav* (Opontius *iam Sr*)
Amponitus F   **36** ab Eleone *Bursian* Ameleon F Amilius *Sr*
del. Robert   **37** Ixition F Canthus Ceriontis filius *Mu del. Ro-*
bert et Giangrande Odoedoci (*sic*) *Berkel* Leodaci   F
39 Naricea F   *post* Naricea *habet* F Alii aiunt ex Euboea *quae*
post Oechaliae *transposuit Rose*   **40** filii *Mu* filius   F
42 ab Aeeta F ab ⟨hoc⟩ Aretus *Robert*   **43** Paeleus F
Endeidos Chironis *Mi* Paeneidos Ceptionis F   **44** Aegyna F

leus Phthiam, Telamon Salaminam, quam Apollonius
9 Rhodius Atthida uocat. Butes Teleontis et Zeuxippes Eri-
dani fluminis filiae filius ab Athenis. Phaleros Alcontis filius ab Athenis. Tiphys Phorbantis et Hyrmines filius,
10 Boeotius; is fuit gubernator nauis Argo. Argus Polybi et 50
Argiae filius, alii aiunt Danai filium; hic fuit Argiuus,
pelle tauri nigra lanugine adopertus. is fuit fabricator
nauis Argo. Phliasus Liberi patris et Ariadnes Minois filiae filius, ex urbe Phliunte, quae est in Peloponneso; alii
aiunt Thebanum. Hercules Iouis et Alcimenae Electryo- 55
11 nis filiae filius, Thebanus. Hylas Theodamantis et Meno-
dices nymphae Orionis filiae filius, ephebus, ex Oechalia,
alii aiunt ex Argis, comitem Herculis. Nauplius Neptuni
et Amymones Danai filiae filius, Argiuus. Idmon Apollo-
nis et Cyrenes nymphae filius, quidam Abantis dicunt, 60
Argiuus. hic augurio prudens quamuis praedicentibus
auibus mortem sibi denuntiari intellexit, fatali tamen mi-
12 litiae non defuit. Castor et Pollux Iouis et Ledae Thestii
filiae filii Lacedaemonii, alii Spartanos dicunt, uterque
imberbis; his eodem quoque tempore stellae in capitibus 65
ut uiderentur accidisse scribitur. Lynceus et Idas Apharei
et Arenae Oebali filiae filii, Messenii ex Peloponneso. ex

46 *Apoll. Rhod. Arg. 1.93*

49 Hyrmines *Burmann* Hymanes F　　**50** Boetius F
51 Danai ⟨filiae⟩ *Robert, qui censet* alii filium *e § 11 huc inserta*
filium F, *non* filius　　**52** taurina ⟨humeros, os⟩ *Brakman ex*
Apollonio tauri nigra *Mu* taurina F, *quo retento* lanugine ⟨nigra⟩
Rose　　**57** Orionis *Mu* Oreonis F　　Ephoebus F　　**64** filii
Mu filius F　　**67** Oebali *Mu* Bibali F　　Peloponeso F

his Lynceus sub terra quaeque latentia uidisse dicitur, neque ulla caligine inhibebatur. alii aiunt Lynceum noctu 13
70 nullum uidisse. idem sub terra solitus cernere dictus est
ideo quod aurifodinas norat; is cum descendebat et aurum subito ostendebat, ita rumor sublatus eum sub terra
solitum uidere. item Idas acer, ferox. Periclymenus Nelei 14
et Chloridis Amphionis et Niobes filiae filius; hic fuit Py-
75 lius. Amphidamas et Cepheus Alei et Cleobules filii de
Arcadia. Ancaeus Lycurgi filius, alii nepotem dicunt, Te-
geates. Augeas Solis et Nausidames Amphidamantis fi- 15
liae filius; hic fuit Eleus. Asterion et Amphion Hyperasii
filii, alii aiunt Hippasi, ex Pellene. Euphemus Neptuni et
80 Europes Tityi filiae filius, Taenarius; hic super aquas
sicco pede cucurrisse dicitur. Ancaeus alter, Neptuni fi- 16
lius, matre Althaea Thestii filia, ab Imbraso insula quae
Parthenia appellata est, nunc autem Samos dicitur. Erginus Neptuni filius, a Mileto, quidam Periclymeni dicunt,
85 Orchomenius. Meleager Oenei et Althaeae Thestii filiae
filius, quidam Martis putant, Calydonius. Laocoon Port- 17
haonis filius, Oenei frater, Calydonius. Iphiclus alter,
Thestii filius, matre Leucippe, Althaeae frater ex eadem

73 Periclimenus F   Nelei *Mu* Nilei F   **74** Amphionis *Sr*
Amphinois F, *typothetae errore, ut uid.*   **75** Alei *Mi* Egei F
76 alii nepotem dicunt F Alei nepos *Robert*   **77** Nausidames
Roscher Naupidames F   **78** Eleus *Mi* electus F   Hyperasii
Mi Ypetacli F   **79** Hippasi *Mu* Hipasi F   **81** dicitur −
86 Calydonius *extant in cod.* Φ   **82** Althaea Thestii *Heinsius*
alta cathesti Φ   **83** Erginus F Ergenus Φ   **84** periclimeni
Φ   **85** Orchomenius *Mu* orchamenius Φ   Oenei F enaci Φ
altheae Φ   Thestii F testi Φ   **86** Martis F matris Φ
88 Altheae F

matre, Lacedaemonius; hic fuit acer cursor iaculator.
Iphitus Nauboli filius, Phocensis; alii Hippasi filium ex 90
18 Peloponneso fuisse dicunt. Zetes et Calais Aquilonis
uenti et Orithyiae Erechthei filiae filii; hi capita pedes-
que pennatos habuisse feruntur crinesque caeruleos, qui
peruio aere usi sunt. hi aues Harpyias tres, Thaumantis et
Ozomenes filias, Aellopoda Celaeno Ocypeten, fugaue- 95
runt a Phineo Agenoris filio eodem tempore quo Iasoni
comites ad Colchos proficiscebantur; quae inhabitabant
insulas Strophadas in Aegeo mari, quae Plotae appellantur. hae dicuntur fuisse capitibus gallinaceis, pinnatae,
alasque et brachia humana, unguibus magnis, pedibus- 100
que gallinaceis, pectus aluom feminaque humana. hi autem Zetes et Calais ab Hercule telis occisi sunt, quorum
in tumulis superpositi lapides flatibus paternis mouentur.
19 hi autem ex Thracia esse dicuntur. Phocus et Priasus Caenei filii ex Magnesia. Eurymedon Liberi patris et Ariad- 105
nes Minois filiae filius, a Phliunte. Palaemonius Lerni fi-
20 lius Calydonius. Actor Hippasi filius ex Peloponneso.
Thersanon Solis et Leucothoes filius ex Andro. Hippalci-
mos Pelopis et Hippodamiae Oenomai filiae filius, ex Pe-

89 acer *Robert*   Arcas F   artificiosus *Mi*   acris *Mu del.*
Giangrande   **91** Peloponeso F   **92** Orithyae F   Erechthei
Mu Erichthei F   **94** Harpyas F   **95** Aellopoda Celaeno
Bursian praeeunte Mu Alopien Acheloen F   **96** fileo F (*typo-*
thetae errore?)   eodem − **101** pectus *extant in codice* Φ
98 ⟨stro⟩phadas *non* Strophades Φ   **99** fuisse dicuntur *male*
F   pennatae *male* F   **102** Zethes F   telis F Teni *Severyns*
104 Phocus *Mi* Focus F   **107** Calidonius F   Peloponeso F
108 Thestor *Liénard* Thersomenon *Mantero*   Laothoes *Liénard*
Andro F Argis *Liénard*   **109** Enomai F   Peloponeso F

.10 Ioponneso a Pisis. Asclepius Apollinis et Coronidis filius, 21
a Tricca ⟨...⟩ Thestii filia, Argiuus. Neleus Hippocoontis
filius, Pylius. Iolaus Iphicli filius, Argiuus. Deucalion Mi- 22
nois ⟨et⟩ Pasiphaes Solis filiae filius, ex Creta. Philoctetes Poeantis filius, a Meliboea. Caeneus alter Coroni fi- 23
15 lius, Gortyna. Acastus Peliae et Anaxibiae Biantis filiae
filius, ex Iolco, duplici pallio coopertus. hic uoluntarius
Argonautis accessit, sponte sua comes Iasonis. hi autem 24
omnes Minyae sunt appellati, uel quod plurimos eorum
filiae Minyae pepererunt, uel quod Iasonis mater Clyme-
20 nes Minyae ⟨filiae⟩ filia erat. sed neque Colchos omnes
peruenerunt neque in patriam regressum habuerunt. Hy- 25
las enim in Moesia a nymphis iùxta Cion flumenque As-
canium raptus est, quem dum Hercules et Polyphemus re-
quirunt, uento rapta naue deserti sunt. Polyphemus ab
25 Hercule quoque relictus, condita in Moesia ciuitate, perit
apud Chalybas. Tiphys autem morbo absumptus est in 26
Mariandynis in Propontide apud Lycum regem; pro quo
nauem rexit Colchos Ancaeus Neptuni filius. Idmon autem Apollinis filius ibi apud Lycum cum stramentatum
30 exisset, ab apro percussus decidit; ultor Idmonis fuit Idas

---

110 Apisis F   **111** a Trica (*sic*) *Mu* Atriacha F   *ante*
Thestii *lac. stat. Sr, nam abesse obseruat filii et patris nomen*
Neleus *Mu* Mileus F   **112** ⟨Iolau⟩s – **117** accessit *extant in*
cod. Φ   **113** *suppl.* F   Pasiphaes F phasiphe Φ   **114** Coroni *Mu* coronis Φ   **115** Gyrtona *uel* Gyrtone (*sic*) *Sr* coryna
Φ   Anaxibiae *Sr* ⟨an⟩axaabiae Φ   Biantis *Sr* dymantis Φ
116 iolcho Φ   **119** Clymenes Minyae ⟨filiae⟩ *Mu* Clymeni et
Minyae F   **123** Poliphemus F   **125** perit *non* periit F
126 Chalibas F   Thiphys F   **127** Mariandinis F
128 Idmon – **134** Venus *extant in codice* Φ

27 Apharei filius, qui aprum occidit. Butes Teleontis filius
quamuis cantibus et cithara Orphei auocabatur, uictus tamen est dulcedine Sirenum et nataturus ad eas in mare se
praecipitauit; eum Venus delatum fluctibus Lilybaeo se-
28 ruauit. hi sunt qui non peruenerunt Colchos; in reuer- 13!
sione autem perierunt Eurybates Teleontis filius et Canthus Ceriontis filius; interfecti sunt in Libya a pastore
Cephalione Nasamonis fratre, filio Tritonidis Nymphae et
29 Amphithemidis, cuius fuste pecus depopulabantur. Mopsus autem Ampyci filius ab serpentis morsu in Africa 14(
obiit. is autem in itinere accesserat comes Argonautis,
30 Ampyco patre occiso. item accesserunt ex insula Dia
Phrixi et Chalciopes Medeae sororis filii, Argus Melas
Phrontides Cylindrus, ut alii aiunt uocitatos Phronius Demoleon Autolycus Phlogius, quos Hercules cum eduxis- 14!
set habiturus comites dum Amazonum balteum petit, reliquit terrore perculsos a Dascylo Lyci regis Mariandyni
31 filio. hi autem cum exirent ad Colchos, Herculem ducem
facere uoluerunt; ille abnuit, sed potius Iasonem fieri
oportere, cuius opera exirent omnes; dux ergo Iason reg- 15(
32 nauit. faber Argus Danai filius, ⟨gubernator Tiphys,⟩

131 Apharei F acharei Φ   **132** orpheia uocabatur Φ
136 Euribates F   Cantus F   **137** Ceriontis F Canethi *ex
Apoll. Arg. 1.78 Mi*   Lybia F   **138** Cephalione F Caphauro
Apollinis nepote *Robert*   **139** Amphitemidis F   fuste F,
quod defendit Giangrande forte *Heinsius* fuse *Tollius* furtis *Mu
transposuit* fuste cuius *Sr*   **140** Ampyci *Sr*   Amyci F
142 Ampyco *Sr* Amyco F   Dia F Aretiade *Bunte* Aria *St*
143 Medeae *Mu* Medae F   **144** Phrontis *Mu*   Cytisorus
Robert   Deleon *'forte' Mu*   **146** Amazonium *uel* Amazonis
Mu   **147** errore propulsos *Robert*   a Dascylo … filio *Mu,
praeeunte Mi*   a Dascylo qui regis Mansuaden filia F
151 *suppl. Stav duce Mu, qui* gubernator fuit Tiphys *addidit*

cuius post mortem rexit nauem Ancaeus Neptuni filius;
proreta nauigauit Lynceus Apharei filius, qui multum ui-
debat; tutarchi autem fuerunt Zetes et Calais Aquilonis
155 filii, qui pennas et in capite et in pedibus habuerunt; ad
proram et remos sederunt Peleus et Telamon; ad pitulum
sederunt Hercules et Idas; ceteri ordinem seruauerunt;
celeuma dixit Orpheus Oeagri filius. post, relicto ab ⟨Ar-
gonautis⟩ Hercule, loco eius sedit Peleus Aeaci filius.
160   Haec est nauis Argo quam Minerua in sideralem circu- 33
lum retulit ob hoc quod ab se esset aedificata. ac primum
in pelagus deducta est haec nauis, in astris apparens a gu-
bernaculo ad uelum; cuius speciem ac formam Cicero in
Phaenomenis exponit his uersibus:

165   at Canis ad caudam serpens praelabitur Argo,
       conuersam prae se portans cum lumine puppim;
       non aliae naues ut in alto ponere proras
       ante solent, rostris Neptunia prata secantes;
       sicut cum coeptant tutos contingere portus,

---

154 *cf. schol. Vallicell. p. 161 ed. Whatmough*   **165** *Cic. Arat.*
126–138, tribus omissis uersibus

154 *ad uerbum* tutarchi *u. Heraeus ALL 12.93*   **156** Thela-
mon F   pitulum F pituli gubernaculum *Robert*   **158** relicto
ab ⟨Argonautis⟩ *scripsi*; *cf. Lact. Plac. ad Stat. Theb. 5.443* relicto
ab F (*non* relicto eo ab) relicto ab ⟨eis⟩ *Perizonius*   **165** pro-
labitur *Cic., nat. deor. 2.114*   **166** conuexam *Cic.*   **168** ro-
stro *codd. Cic.*   **169** sicuti *pars codd. Cic.*   constringere *pars
codd. Cic.*

obuertunt nauem magno cum pondere nautae,   170
aduersamque trahunt optata ad litora puppim,
sic conuersa uetus super aethera labitur Argo.
inde gubernaclum tendens a puppe uolante
clari posteriora Canis uestigia tangit.

haec nauis habet stellas in puppe quattuor, in guberna- 175
culo dextro quinque, in sinistro quattuor, consimiles inter sese; omnino tredecim.

XV   LEMNIADES

In insula Lemno mulieres Veneri sacra aliquot annos non
fecerant, cuius ira uiri earum Thressas uxores duxerunt et
priores spreuerunt. at Lemniades eiusdem Veneris impulsu coniuratae genus uirorum omne quod ibi erat inter- 5
fecerunt, praeter Hypsipylen, quae patrem suum Thoantem clam in nauem imposuit, quem tempestas in insulam
2 Tauricam detulit. interim Argonautae praenauigantes
Lemno accesserunt; quos ut uidit Iphinoe custos portae,
nuntiauit Hypsipylae reginae, cui Polyxo aetate consti- 10

XV,2 *sqq. cf. Lact. Plac. ad Stat. Theb. 5.29*

172 uertitur *Cic.*   **173** tendens … uolante F disperso lumine fulgens *Cic.*   **174** candit *uel* condit *uel sim. codd. Cic.*
XV,1 LEMNIADES *Mu* Lemniadae F   **6** Hypsipylen *Mu*
-lem F   **10** Polixo F

tuta dedit consilium ut eos laribus hospitalibus obligaret.
Hypsipyle ex Iasone procreauit filios Euneum et Deipy-   3
lum. ibi cum plures dies retenti essent, ab Hercule obiur-   4
gati discesserunt. Lemniades autem postquam scierunt   5
15 Hypsipylen patrem suum seruasse, conatae sunt eam interficere; illa fugae se mandauit. hanc praedones excep-
tam Thebas deportarunt et regi Lyco in seruitium uendi-
derunt. Lemniades autem quaecunque ex Argonautis   6
conceperunt, eorum nomina filiis suis imposuerunt.

XVI   CYZICVS

Cyzicus Eusori filius rex in insula Propontidis Argonautas hospitio liberali excepit; qui cum ab eo discessissent
totumque diem nauigassent, nocte tempestate orta ad
5 eandem insulam ignari delati sunt. quos Cyzicus hostes   2
Pelasgicos arbitrans esse, cum eis noctu in litore arma
contulit, et ab Iasone est interfectus; quod postero die
cum prope litus appropinquasset et uidisset se regem interfecisse, sepulturae eum tradidit atque filiis regnum tra-
10 didit.

---

11 eos *Sr* eas F   *post* obligaret *uerba* hospitio (*non* hospitio-
que) inuitaret *ut manifestum glossema eieci*   **12** Eunaeum F
Deipylum *Mu* Deiphilum F Thoantem *Lact. Plac.*   **13** de-
tenti *Lact. Plac.*   **17** Thebas F Nemeam *Lact. Plac.*   Lyco
F Lycurgo *Lact. Plac.*   seruitium F *non* seruitutem, *quod habet*
Lact. Plac.

XVII   AMYCVS

Amycus Neptuni et Melies filius, Bebryciae rex. in huius
regna qui uenerat caestis cogebat secum contendere et
deuictos perdebat. hic cum Argonautas prouocasset ad
caestus, Pollux cum eo contendit et eum interfecit.   5

XVIII   LYCVS

Lycus rex insulae Propontidis Argonautas recepit hospitio
in honorem, eo quod Amycum interfecerant, quod eum
saepe inficiaretur. Argonautae dum apud Lycum morantur et stramentatum exissent, Idmon Apollinis filius ab 5
apro percussus interiit, in cuius dum diutius sepultura
moratur, Tiphys Phorbantis filius moritur. tunc Argonautae Ancaeo Neptuni filio nauem Argo gubernandam dederunt.

XVII,2 *sqq. cf. Lact. Plac. ad Stat. Theb. 3.353*

XVII,4 *in uerbo* ⟨Argonau⟩tas *incipiunt fragmenta codicis* Φ
Monacensis in bibl. publica adseruata; u. Praef. p. VII
XVIII,4 inficiaretur F, *quod defendit Giangrande* infestaretur
Mu interficere conaretur *olim ego*   **5** stramentatum *Mu, coll.*
fab. 14.26 extra uenatum F   Apollinis filius *Halm* ⟩s filius Φ
om. F   **7** moratur Φ morantur F   Tiphys *Sr* yphis Φ
forba⟨ntis⟩ Φ

XIX PHINEVS

Phineus Agenoris filius Thrax ex Cleopatra habuit filios
duos. hi a patre nouercae crimine excaecati sunt. huic 2
etiam Phineo Apollo augurium dicitur dedisse; hic deo-
5 rum consilia cum enuntiaret, ab Ioue est excaecatus, et
apposuit ei Harpyias, quae Iouis canes esse dicuntur,
quae escam ab ore eius auferrent. huc cum Argonautae 3
deuenissent et eum iter ut demonstraret rogarent, dixit se
demonstraturum si eum poena liberarent. tunc Zetes et
10 Calais, Aquilonis uenti et Orithyiae filii, qui pennas in
capite et in pedibus habuisse dicuntur, Harpyias fugaue-
runt in insulas Strophadas et Phineum poena liberarunt.
quibus monstrauit quomodo Symplegadas transirent, ut 4
columbam mitterent; quae petrae cum concurrissent, in
15 recessu earum ⟨…⟩ illi retro refugerent. Argonautae beneficio Phinei Symplegadas transierunt.

XX STYMPHALIDES

Argonautae cum ad insulam Diam uenissent et aues ex
pennis suis eos configerent pro sagittis, cum multitudini

XIX,6 Harpyas F   quae F, *non* qui   **7** aufferrent F
11 Harpyas F   **13** *hunc locum corruptum esse recte iudicauit Mi*
transirent, et columbam mitterent, quo, petrae cum concurrissent, in recessu illi retro ne fugerent *Sr.* t. ut c. m. eae p. c.
concurrissent, et in r. e. illico trafugerent (illico traf. *iam Barthius*) *Mu* t. u. c. m. in recessu earum quam petrae cum concurrissent si contudissent illi r. r. *St lac. stat. Rose*   **XX,3** configerent *Heinsius* conficerent F

auim resistere non possent, ex Phinei monitu clipeos et
hastas sumpserunt, ⟨et⟩ ex more Curetum sonitu eas fu- 5
garunt.

XXI PHRIXI FILII

Argonautae cum per Cyaneas cautes, quae dicuntur petrae Symplegades, intrassent mare quod dicitur Euxinum
et errarent, uoluntate Iunonis delati sunt ad insulam
2 Diam. ibi inuenerunt naufragos nudos atque inopes 5
Phrixi et Chalciopes filios Argum Phrontidem Melam
Cylindrum; qui cum casus suos exposuissent Iasoni, se
cum ad auum festinarent Athamanta ire naufragio facto
ibi esse eiectos, quos Iason receptos auxilio iuuit; qui Iasonem Colchos perduxerunt per flumen Thermodoontem. 10
3 et cum iam non longe essent a Colchis, iusserunt nauem
in occulto collocari, et uenerunt ad matrem Chalciopen
Medeae sororem, indicantque Iasonis beneficia et cur uenissent. tunc Chalciope de Medea indicat, perducitque
4 eam cum filiis suis ad Iasonem. quae cum eum uidisset, 15
agnouit quem in somniis adamauerat Iunonis impulsu,
omniaque ei pollicetur, et perducunt eum ad templum.

4 ⟨c⟩lypeos Φ   **5** ⟨et⟩ ex *Castiglioni* ex F exque *Mi*
XXI,2 Cyaneas F ⟨cy⟩anias Φ   **5** Diam F dia Φ   **6** Phrixi
et Chalciopes F phrysi et calciopi Φ   **12** Chalciopen *Mu*
Chalcyopem F

XXII   AEETA

Aeetae Solis filio erat responsum tam diu eum regnum
habiturum quamdiu ea pellis quam Phrixus consecrauerat in fano Martis esset. itaque Aeeta Iasoni hanc simult-   2
5 atem constituit, si uellet pellem auratam auferre, tauros
aeripedes qui flammas naribus spirabant iungeret ada-
manteo iugo, et araret dentesque draconis ex galea sereret, ex quibus gens armatorum statim enascerentur et se
mutuo interficerent. Iuno autem Iasonem ob id semper   3
10 uoluit seruatum quod, cum ad flumen uenisset uolens hominum mentes temptare, anum se simulauit et rogauit ut
se transferret; cum ceteri qui transierant despexissent, ille
transtulit eam. itaque cum sciret Iasonem sine Medeae   4
consilio imperata perficere non posse, petit a Venere ut
15 Medeae amorem iniceret. Iason a Medea Veneris impulsu amatus est; eius opera ab omni periculo liberatus
est. nam cum tauris arasset et armati essent enati, Medeae monitu lapidem inter eos abiecit; illi inter se pugnantes alius alium interfecerunt. dracone autem uenenis
20 sopito, pellem de fano sustulit, in patriamque cum Medea
est profectus.

XXIII   ABSYRTVS

Aeeta ut resciit Medeam cum Iasone profugisse, naue
comparata misit Absyrtum filium cum satellitibus arma-
tis ad eam persequendam. qui cum in Adriatico mari in   2

XXII,1 Aeta F, *et sic in sequentibus*   **8** enasceretur *Sr*
9 interficerent *Mu* -ret F   **12** transferrent *Mu, sed* F *recte de-*
fendit   Castiglioni   **16**   amatus   et   eius   *Bursian*
XXIII,2 Aeta F

Histria eam persecutus esset ad Alcinoum regem, et uel- 5
let armis contendere, Alcinous se inter eos interposuit, ne
bellarent; quem iudicem sumpserunt, qui eos in poste-
rum distulit. qui cum tristior esset et interrogatus est a coniuge Arete quae causa esset tristitiae, dixit se iudicem
sumptum a duabus diuersis ciuitatibus, inter Colchos et 10
Argiuos. quem cum interrogaret Arete quidnam esset iu-
dicaturus, respondit Alcinous, si uirgo fuerit Medea, pa-
3 renti redditurum, sin autem mulier, coniugi. hoc cum audiuit Arete a coniuge, mittit nuntium ad Iasonem, et is
Medeam noctu in antro deuirginauit. postero autem die 15
cum ad iudicium uenissent et Medea mulier esset inu-
4 enta, coniugi est tradita. nihilominus cum profecti essent,
Absyrtus timens patris praecepta persecutus est eos in insulam Mineruae; ibi cum sacrificaret Mineruae Iason et
Absyrtus interuenisset, ab Iasone est interfectus. cuius cor- 20
pus Medea sepulturae dedit, atque inde profecti sunt.
5 Colchi qui cum Absyrto uenerant, timentes Aeetam, illic
remanserunt, oppidumque condiderunt quod ab Absyrti
nomine Absorin appellarunt. haec autem insula posita est
in Histria contra Polam, iuncta insulae Cantae.   25

XXIII,24 *cf. schol. Vallicell. p. 156 ed. Whatmough*

22 Aetam F   24 Absyrtin *Mu* Absoron *Rose*   25 Polam
Mu Pola F   Cantae *nomen est ignotum* Curictae *Cluverius; pro*
insulae Cantae *malit* continenti *Heinsius*

XXIV   IASON: PELIADES

Iason cum Peliae patrui sui iussu tot pericula adisset, co-
gitare coepit quomodo eum sine suspicione interficeret.
hoc Medea se facturam pollicetur. itaque cum iam longe   2
5 a Colchis essent, nauem iussit in occulto collocari et ipsa
ad Peliae filias pro sacerdote Dianae uenit; eis pollicetur
se patrem earum Pelian ex sene iuuenem facturam, idque
Alcestis maior filia negauit fieri posse. Medea quo faci-   3
lius eam perduceret ad suam uoluntatem, caliginem eis
10 obiecit et ex uenenis multa miracula fecit quae ueri similia
esse uiderentur, arietemque uetulum in aeneum coniecit,
unde agnus pulcherrimus prosiluisse uisus est. eodemque   4
modo inde Peliades, id est Alcestis Pelopia Medusa Pisidice Hippothoe, Medeae impulsu patrem suum occisum
15 in aeneo coxerunt. cum se deceptas esse uiderent, a patria
profugerunt. at Iason, signo a Medea accepto, regia est   5
potitus, Acastoque Peliae filio fratri Peliadum, quod secum Colchos ierat, regnum paternum tradidit; ipse cum
Medea Corinthum profectus est.

XXV   MEDEA

Aeetae Medea et Idyiae filia cum ex Iasone iam filios
Mermerum et Pheretem procreasset summaque concordia

XXIV,11 ahenum (*sic*) *Mi, sed nihil mutandum est*
13 inde *Barthius* unde F *del. Rose*   Pisidice *Tollius* Isidoce F
15 aeno *Mu, sed u. ad u. 11 supra*   **17** A Castoque F
XXV,2 Aeetae Medea *fortasse* Φ (*u. Kellogg p. 407*) Aetae
Medea F   Idyae F   **3** Mermerum *Mi*   Marcerum F
Pheretem *Mi* feretum Φ

uiuerent, obiciebatur ei hominem tam fortem ac formo-
sum ac nobilem uxorem aduenam atque ueneficam ha- 5
2 bere. huic Creon Menoeci filius rex Corinthius filiam
suam minorem Glaucen dedit uxorem. Medea cum uidit
se erga Iasonem bene merentem tanta contumelia esse af-
fectam, coronam ex uenenis fecit auream eamque muneri
3 filios suos iussit nouercae dare. Creusa munere accepto 10
cum Iasone et Creonte conflagrauit. Medea ubi regiam ardere uidit, natos suos ex Iasone Mermerum et Pheretem
interfecit et profugit a Corintho.

XXVI   MEDEA EXVL

Medea Corintho exul Athenas ad Aegeum Pandionis filium deuenit in hospitium eique nupsit; ex eo natus est
2 Medus. postea sacerdos Dianae Medeam exagitare coepit,
regique negabat sacra caste facere posse eo quod in ea 5
ciuitate esset mulier uenefica et scelerata. tunc iterum
3 exulatur. Medea autem iunctis draconibus ab Athenis
Colchos redit; quae in itinere Absoridem uenit, ubi frater
Absyrtus sepultus erat. ibi Absoritani serpentium multitudini resistere non poterant; Medea autem ab eis rogata 10

    5 ac *ut uid.* Φ *in loco male attrito om.* F   7 glaucē Φ
Glaucem F   9 ex uenenis Φ *corr. e* exuenens   muneri *uidetur uiro docto Kellogg e* munus *corr., sed haud certum iudico*
10 munere F munerae Φ   **11** conflagrauit *nisi fallor* Φ *man.
pr. in* confraglauit *mutatum*   **12** Mermerum et Pheretem *Mi*
marcerum et feretum Φ, *ut supra*   **13** a Φ, *ut uid., in loco
attrito om.* F

lectas eas in tumulum fratris coniecit, quae adhuc ibi per-
manentes, si qua autem extra tumulum exit, debitum naturae persoluit.

XXVII   MEDVS

Persi Solis filio, fratri Aeetae, responsum fuit ab Aeetae
progenie mortem cauere: ad quem Medus dum matrem
persequitur tempestate est delatus, quem satellites com-
5 prehensum ad regem Persen perduxerunt. Medus Aegei et   2
Medeae filius ut uidit se in inimici potestatem uenisse,
Hippoten Creontis filium se esse mentitus est. rex dili-
gentius quaerit et in custodia eum conici iussit; ubi sterilitas et penuria frugum dicitur fuisse. quo Medea in curru   3
10 iunctis draconibus cum uenisset, regi se sacerdotem Dianae ementita est dixitque sterilitatem se expiare posse; et
cum a rege audisset Hippoten Creontis filium in custodia
haberi, arbitrans eum patris iniuriam exsequi uenisse, ibi
imprudens filium prodidit. nam regi persuadet eum Hip-   4
15 poten non esse sed Medum Aegei filium a matre missum
ut regem interficeret, petitque ab eo ut interficiendus sibi
traderetur, aestimans Hippoten esse. itaque Medus cum   5

XXVI,11 *sqq. cf. schol. Vallicell. p. 156 ed. Whatmough*

XXVI,11 permanent *Sr*   permanent et *dubitanter Mu*
12 autem *del. Rose*   **XXVII,**7 yppoten Φ   **11** dixitque *ut
uid.,* Φ, -que *supra lin. add.*   **12** yppoten Φ   **13** ibi *Sr*
ibique Φ ipsa *Mu* ("*nisi pro* arbitrans *scribere mauis* arbitrata
est") *de lacuna statuenda etiam cogitauit Sr*   **14** yppoten Φ
17 yppoten Φ

productus esset ut mendacium morte puniret, et illa aliter
esse uidit quam putauit, dixit se cum eo colloqui uelle atque ensem ei tradidit iussitque aui sui iniurias exsequi. 20
Medus re audita Persen interfecit regnumque auitum possedit; ex suo nomine terram Mediam cognominauit.

XXVIII   OTOS ET EPHIALTES

Otos et Ephialtes Aloei et Iphimedes Neptuni filiae filii
mira magnitudine dicuntur fuisse; hi singuli singulis
mensibus nouem digitis crescebant. itaque cum essent
2 annorum nouem in caelum ascendere sunt conati. qui 5
aditum sibi ita faciebant; montem enim Ossam super Pelion posuerunt (unde etiam Pelion Ossa mons appellatur),
aliosque montes construebant; qui ab Apolline nacti sunt
3 interfecti. alii autem auctores dicunt Neptuni et Iphimedes filios fuisse atrotos; hi cum Dianam comprimere uo- 10
luissent, quae cum non posset uiribus eorum obsistere,
Apollo inter eos ceruam misit, quam illi furore incensi
dum uolunt iaculis interficere, alius alium interfecerunt.

XXVIII,2 *cf. Seru. ad Aen. 6.582, unde pendent Myth Vat. 1.83
et 2.55*

18 et illa Φ ut illa *Sr, fort. recte*   **22** Mediam *Mu* Medea F
XXVIII,1 *et* **2** Othos F   **2** Aloei *Mu* Aloi F   Iphimedes
Mu (*item infra*) Hiphimedes F Iphimediae *Mi*   *exspectares*
Triopis filiae *secundum Apollod. bibl. 1.7.4*   **7** Pellion F
8 altosque *Bursian*   nacti F (*cf.* occasione nacta *fabb. 1.2 et
8.4*) auo *Mi* iaculis *Bursian* Naxi *J. Schmidt ex Apollod. bibl.
1.7.4*   **10** atrotos *Mi* atropos Φ

qui ad inferos dicuntur hanc poenam pati: ad columnam 4
15 auersi alter ab altero serpentibus sunt deligati; est styx inter, columnam sedens ad quam sunt deligati.

XXIX ALCIMENA

Amphitryon cum abesset ad expugnandam Oechaliam,
Alcimena aestimans Iouem coniugem suum esse, eum
thalamis recepit. qui cum in thalamos uenisset et ei refer-
5 ret quae in Oechalia gessisset, ea credens coniugem esse
cum eo concubuit. qui tam libens cum ea concubuit ut 2
unum diem usurparet, duas noctes congeminaret, ita ut
Alcimena tam longam noctem ammiraretur. postea cum
nuntiaretur ei coniugem uictorem adesse, minime cu-
10 rauit, quod iam putabat se coniugem suum uidisse. qui 3
cum Amphitryon in regiam intrasset et eam uideret ne-
glegentius securam, mirari coepit et queri quod se aduen-
ientem non excepisset; cui Alcimena respondit: Iam pri-
dem uenisti et mecum concubuisti et mihi narrasti quae
15 in Oechalia gessisses. quae cum signa omnia diceret, sen- 4
sit Amphitryon numen aliquod fuisse pro se, ex qua die
cum ea non concubuit. quae ex Ioue compressa peperit
Herculem.

---

15 alter ab altero *add. sup. lin. man. altera in* Φ   stys *corr. e*
stri, *ut uid.,* Φ   16 inter ⟨eos super⟩ columnam *Schwenk*
XXIX,2 Amphitrion Φ   3 estimans *in mg.* Φ   eum *sup. lin.*
habet Φ   6 qui ... concubuit *altera man. sup. lin. in* Φ
11 amphitrion Φ   13 Alcumena F (*deficit* Φ)

XXX HERCVLIS ATHLA DVODECIM
AB EVRYSTHEO IMPERATA

Infans cum esset, dracones duos duabus manibus necauit, quos Iuno miserat, unde primigenius est dictus.
2 Leonem Nemaeum, quem Luna nutrierat in antro amphi- 5
stomo atrotum, necauit, cuius pellem pro tegumento ha-
3 buit. Hydram Lernaeam Typhonis filiam cum capitibus
nouem ad fontem Lernaeum interfecit. haec tantam uim
ueneni habuit ut afflatu homines necaret, et si quis eam
dormientem transierat, uestigia eius afflabat et maiori 10
cruciatu moriebatur. hanc Minerua monstrante interfecit
et exinterauit et eius felle sagittas suas tinxit; itaque quicquid postea sagittis fixerat, mortem non effugiebat, unde
4 postea et ipse periit in Phrygia. aprum Erymanthium occi-
5 dit. ceruum ferocem in Arcadia cum cornibus aureis 15
6 uiuum in conspectu Eurythei regis adduxit. aues Stymp-
halides in insula Martis, quae emissis pennis suis iaculab-
7 antur, sagittis interfecit. Augeae regis stercus bobile uno
die purgauit, maiorem partem Ioue adiutore; flumine
8 ammisso totum stercus abluit. taurum cum quo Pasiphae 20
9 concubuit ex Creta insula Mycenis uiuum adduxit. Diomedem Thraciae regem et equos quattuor eius, qui carne
humana uescebantur, cum Abdero famulo interfecit;

XXX,5 *cf. schol. ad Germanicum p. 131 ed. Breysig*

XXX,5 Nemaeum F, *quod recte def. Mu, qui* Nemeum *uel* Ne-
meaeum *respuit* amphistomo *Mu* Amphriso F **6** atrotum
Sr ac tropum F **7** *et* **8** Lerneum F **10** maiori Φ
malorum *praue* F **14** in Phrygia. aprum *St* .Aprum in phri-
gia Φ **16** euristhei Φ **18** Augeae *Mu* Augei Φ **20** pasiphe Φ

equorum autem nomina Podargus Lampon Xanthus Di-
25 nus. Hippolyten Amazonam, Martis et Otrerae reginae fi- 10
liam, cui reginae Amazonis balteum detraxit; tum Antiopam captiuam Theseo donauit. Geryonem Chrysaoris 11
filium trimembrem uno telo interfecit. draconem imma- 12
nem Typhonis filium, qui mala aurea Hesperidum se-
30 ruare solitus erat, ad montem Atlantem interfecit, et Eu-
rystheo regi mala attulit. canem Cerberum Typhonis 13
filium ab inferis regi in conspectum adduxit.

XXXI   PARERGA EIVSDEM

Antaeum terrae filium in Libya occidit. hic cogebat hospites secum luctari et delassatos interficiebat; hunc luc-
tando necauit. Busiridem in Aegypto, qui hospites immo- 2
5 lare solitus erat; huius legem cum audiit, passus est se
cum infula ad aram adduci, Busiris autem cum uellet
deos imprecari, Hercules eum claua ac ministros sacrorum interfecit. Cygnum Martis filium armis superatum 3
occidit. quo cum Mars uenisset et armis propter filium
10 contendere uellet cum eo, Iouis inter eos fulmen misit.
cetum cui Hesione fuit apposita Troiae occidit; Laome- 4
dontem patrem Hesionis quod eam non reddebat sagittis
interfecit. aethonem aquilam quae Prometheo cor exede- 5
bat sagittis interfecit. Lycum Neptuni filium quod Mega- 6
15 ram Creontis filiam uxorem eius et filios Therimachum et

---

24 Podargus *Mi* Podarius F   **25** Otrerae *Mu* Otrirae F
27 Gerionem F   **30** Euristheo F   **XXXI,11** Laomedontem F *non* Laomedonta   **12** Hesionis F, *quod pro* Hesiones
positum defendit Mu   eam ⟨pactam⟩ *Castiglioni*   **15** Therimachum *Mu, ut etiam infra* Theremachum F

7 Ophiten occidere uoluit interfecit. Achelous fluuius in
omnes figuras se immutabat. hic cum Hercule propter
Deianirae coniugium cum pugnaret, in taurum se conuertit, cui Hercules cornu detraxit, quod cornu Hesperidibus
siue Nymphis donauit, quod deae pomis replerunt et 20
8 cornu copiae appellarunt. Neleum Hippocoontis filium
cum decem filiis occidit, quoniam is eum purgare siue lustrare noluit tunc cum Megaram Creontis filiam uxorem
9 suam et filios Therimachum et Ophiten interfecerat. Eu-
rytum quod Iolen filiam eius in coniugium petiit et ille 25
10 eum repudiauit, occidit. centaurum Nessum quod Deia-
11 niram uiolare uoluit, occidit. Eurytionem centaurum
quod Deianiram Dexameni filiam speratam suam uxorem petiit, occidit.

XXXII   MEGARA

Hercules cum ad canem tricipitem esset missus ab Eu-
rystheo rege et Lycus Neptuni filius putasset eum peri-
isse, Megaram Creontis filiam uxorem eius et filios Therimachum et Ophiten interficere uoluit et regnum 5
2 occupare. Hercules eo interuenit et Lycum interfecit;
postea ab Iunone insania obiecta, Megaram et filios The-
3 rimachum et Ophiten interfecit. postquam suae mentis

XXXII,6 *sqq. cf. DSeru. ad Aen. 8.299*

22 siue lustrare *ut glossema eiecit van Krevelen*   23 noluit
Mu uoluit F   25 Iolen *Comm* Iolem F   28 Dexameni *Mu*
Dexamenis F   **XXXII**,2 Euristheo F   4 Therimachum
Mu, ut etiam infra Theremachum F

compos est factus, ab Apolline petiit dari sibi responsum
10 quomodo scelus purgaret; cui Apollo sortem quod reddere noluit, Hercules iratus de fano eius tripodem sustulit, quem postea Iouis iussu reddidit, et nolentem sortem
dare iussit. Hercules ob id a Mercurio Omphalae reginae 4
in seruitutem datus est.

XXXIII   CENTAVRI

Hercules cum in hospitium ad Dexamenum regem uenisset, eiusque filiam Deianiram deuirginasset, fidemque
dedisset se eam uxorem ducturum, post discessum eius
5 Eurytion Ixionis et Nubis filius centaurus petit Deianiram uxorem. cuius pater uim timens pollicitus est se daturum. die constituto uenit cum fratribus ad nuptias. Her- 2
cules interuenit et centaurum interfecit, suam speratam
abduxit.
10   Item aliis in nuptiis, Pirithous Hippodamiam Adrasti 3
filiam cum uxorem duceret, uino pleni centauri conati
sunt rapere uxores Lapithis; eos centauri multos interfecerunt, ab ipsis interierunt.

XXXIII,2 *sqq. cf. Lact. Plac. ad Stat. Theb. 5.263*

XXXIII,10 *hoc additamentum etiam apud Lac. Plac. inuenies*
Atracis *Bursian*   **13** ⟨qui omnes⟩ ab *Castiglioni*

XXXIV   NESSVS

Nessus Ixionis et Nubis filius, centaurus, rogatus ab
Deianira ut se flumen Euhenum transferret: quam sublatam in flumine ipso uiolare uoluit. hoc Hercules cum interuenisset et Deianira cum fidem eius implorasset, Nes- 5
2 sum sagittis confixit. ille moriens, cum sciret sagittas
hydrae Lernaeae felle tinctas quantam uim haberent ueneni, sanguinem suum exceptum Deianirae dedit et id
philtrum esse dixit; si uellet ne se coniunx sperneret, eo
iuberet uestem eius perungi. id Deianira credens, condi- 10
tum diligenter seruauit.

XXXV   IOLE

Hercules cum Iolen Euryti filiam in coniugium petiisset,
ille eum repudiasset, Oechaliam expugnauit; qui ut a uirgine rogaretur, parentes eius coram ea interficere uelle
coepit. illa animo pertinacior parentes suos ante se necari 5
est perpessa. quos omnes cum interfecisset, Iolen captiuam ad Deianiram praemisit.

XXIV,2 *sqq. cf. Lact. Plac. ad Stat. Theb. 11.235*   **8** *cf. schol.*
Vallicell. p. 75 ed. Whatmough

XXXIV,4 hoc F, *quod recte defendit van Krevelen* huc *Wop-*
kens apud Stav, quem sequitur Rose   **7** Lerneae F
XXXV,3 ⟨et⟩ ille *Castiglioni*   **4** rogaretur *Sr* rogatur F
obiurgatur *Heinsius*   **5** *ante* parentes *rasuram trium uel*
quattuor litt. habet Φ   **6** *ante* quos omnes *deesse quaedam cen-*
suit Mu

XXXVI   DEIANIRA

Deianira Oenei filia Herculis uxor cum uidit Iolen uirginem captiuam eximiae formae esse adductam, uerita est
ne se coniugio priuaret. itaque memor Nessi praecepti,
5 uestem tinctam centauri sanguine Herculi qui ferret nomine Licham famulum misit. inde paulum quod in terra   2
deciderat et id sol attigit, ardere coepit. quod Deianira ut
uidit, aliter esse ac Nessus dixerat intellexit, et qui reuo-
caret eum cui uestem dederat, misit. quam Hercules iam   3
10 induerat, statimque flagrare coepit; qui cum se in flumen
coniecisset ut ardorem extingueret, maior flamma exibat;
demere autem cum uellet, uiscera sequebantur. tunc Her-   4
cules Lichan qui uestem attulerat rotatum in mare iacula-
tus est, qui quo loco cecidit, petra nata est quae Lichas
15 appellatur. tunc dicitur Philoctetes Poeantis filius pyram   5
in monte Oetaeo construxisse Herculi, eumque ascendisse immortalitatem. ob id beneficium Philocteti Hercules arcus et sagittas donauit. Deianira autem ob factum   6
Herculis ipsa se interfecit.

XXXVI,4 Nessei *Heinsius; quid habeat* Φ *in loco male attrito,
incertum*   praecepti *Heinsius* praeceptis F *de lectura cod.* Φ *nihil adfirmare ausim*   **6** licham *ut uid.* Φ Lichan F   terra Φ
terram F   **7** et id Φ ut id *Mu*   **13** Lichan *sic* F   **16** Oe-
teo F   ascendisse immortalitatem *Sr* (*quod recte defendit van
Krevelen*) ascendisse mortalitatem F asc. ⟨et exuisse⟩ mort. *Mi*
accendisse mort. *Comm*

MAGDALEN COLLEGE LIBRARY

50   HYGINVS

XXXVII   AETHRA

Neptunus et Aegeus Pandionis filius in fano Mineruae
cum Aethra Pitthei filia una nocte concubuerunt. Neptu-
2 nus quod ex ea natum esset Aegeo concessit. is autem
postquam a Troezene Athenas redibat, ensem suum sub 5
lapide posuit et praecepit Aethrae ut tunc eum ad se mitteret cum posset eum lapidem alleuare et gladium patris
3 tollere; ibi fore indicium cognitionis filii. itaque postea
Aethra peperit Theseum, qui ad puberem aetatem cum
peruenisset, mater praecepta Aegei indicat ei lapidemque 10
ostendit ut ensem tolleret et iubet eum Athenas ad Aegeum proficisci, eosque qui itineri infestabantur omnes
occidit.

XXXVIII   THESEI LABORES

2 Corynetem Neptuni filium armis occidit; Pityocamptem
qui iter gradientes cogebat ut secum arborem pinum ad
terram flecterent, quam qui cum eo prenderat, ille eam
uiribus missam faciebat; ita ad terram grauiter elideba- 5
3 tur et periebat, hunc interfecit. Procrusten Neptuni filium. ad hunc hospes cum uenisset, si longior esset, mi-
nori lecto proposito, reliquam corporis partem praecide-

XXXVII,2 Egeus F   **3** Pithei F   **4** Egeo F   **8** *num*
cognationis?   **11** egeum Φ   **12** *ante* eosque *nonnihil deese*
credit Mi ⟨is ergo profectus est⟩ *excogitauit Rose, sed nihil mutan-*
dum recte iudicauit Castiglioni   **XXXVIII,2** Corinetem Φ
pithiocamtē Φ

bat; sin autem breuior statura erat, lecto longiori dato,
10 incudibus suppositis extendebat eum usque dum lecti
longitudinem aequaret. hunc interfecit. Scironem, qui ad   4
mare loco quodam praerupto sedebat et qui iter gradieba-
tur cogebat eum sibi pedes lauare, et ita in mare praecipi-
tabat, hunc Theseus pari leto in mare deiecit, ex quo Sci-
15 ronis petrae sunt dictae. Cercyonem Vulcani filium armis   5
occidit. aprum qui fuit Cremyone interfecit. taurum qui 6, 7
fuit Marathone, quem Hercules a Creta ad Eurystheum
adduxerat, occidit. Minotaurum oppido Gnosi occidit.   8

XXXIX   DAEDALVS

Daedalus Eupalami filius, qui fabricam a Minerua dicitur
accepisse, Perdicem sororis suae filium propter artificii
inuidiam, quod is primum serram inuenerat, summo
5 tecto deiecit. ob id scelus in exsilium ab Athenis Cretam
ad regem Minoem abiit.

XL   PASIPHAE

Pasiphae Solis filia uxor Minois sacra deae Veneris per
aliquot annos non fecerat. ob id Venus amorem infan-

XXXVIII,11 *sqq. cf. Lact. Plac. ad Stat. Theb. 1.333*

15 Cercionem F   **16** Cremione F   interfecit F *non*
occidit   **17** Euristheum F   **XXXIX,2** Eupalami *Mi*
Euphemi F   **5** deiecit F *non* deicit   **XL,1** Pasiphe F *ut
etiam infra*

dum illi obiecit, ut taurum quem ipsa amabat alia ama-
2 ret. in hoc Daedalus exsul cum uenisset, petiit ab ea auxi- 5
lium. is ei uaccam ligneam fecit et uerae uaccae corium
induxit, in qua illa cum tauro concubuit; ex quo compressu Minotaurum peperit capite bubulo parte inferiore
3 humana. tunc Daedalus Minotauro labyrinthum inextri-
4 cabili exitu fecit, in quo est conclusus. Minos re cognita 10
Daedalum in custodiam coniecit, at Pasiphae eum uinculis liberauit; itaque Daedalus pennas sibi et Icaro filio
suo fecit et accommodauit, et inde auolarunt. Icarus altius uolans, a sole cera calefacta, decidit in mare quod ex
eo Icarium pelagus est appellatum. Daedalus peruolauit 15
5 ad regem Cocalum in insulam Siciliam. alii dicunt: Theseus cum Minotaurum occidit, Daedalum Athenas in patriam suam reduxit.

XLI   MINOS

Minos Iouis et Europae filius cum Atheniensibus bellige-
rauit, cuius filius Androgeus in pugna est occisus. qui
posteaquam Athenienses uicit, uectigales Minois esse
coeperunt; instituit autem ut anno uno quoque septenos 5
2 liberos suos Minotauro ad epulandum mitterent. Theseus
posteaquam a Troezene uenerat et audiit quanta calamit-

---

4 quem ... alia *uarie emendant edd. del. Barthius* quem ipse
mandarat ali *Sr defendit Stégen* Mi *in mg. scribit* "Fuerunt hoc loco
in ueteri exemplari erosa quaedam, et alia superinducta, ut dubium
non sit quin uerbis his mendum aliquod insit"   5 ea F eo *Sr*
7 compressu *Sr* compresso F   15 Icareum F   **XLI,4** uectigales *Sr* uectigal F, *quod defendit Castiglioni*

ate ciuitas afficeretur, uoluntarie se ad Minotaurum pollicitus est ire. quem pater cum mitteret, praedixit ei ut si   3
10 uictor reuerteretur uela candida in nauem haberet; qui
autem ad Minotaurum mittebantur uelis atris nauiga-
bant.

XLII   THESEVS APVD MINOTAVRVM

Theseus posteaquam Cretam uenit ab Ariadne Minois filia est adamatus adeo ut fratrem proderet et hospitem seruaret; ea enim Theseo monstrauit labyrinthi exitum, quo
5 Theseus cum introisset et Minotaurum interfecisset, Ariadnes monitu licium reuoluendo foras est egressus, eamque, quod fidem ei dederat, in coniugio secum habiturus
auexit.

XLIII   ARIADNE

Theseus in insula Dia tempestate retentus, cogitans si
Ariadnen in patriam portasset, sibi opprobrium futurum,
itaque in insula Dia dormientem reliquit; quam Liber
5 amans inde sibi in coniugium abduxit. Theseus autem   2
cum nauigaret oblitus est uela atra mutare, itaque Aegeus
pater eius credens Theseum a Minotauro esse consump-
tum in mare se praecipitauit, ex quo Aegeum pelagus est
dictum. Ariadnes autem sororem Phaedram Theseus du-   3
10 xit in coniugium.

---

10   nauem   F,   *quod   recte   defendit   van   Krevelen*
XLIII,1 Ariadne *Comm* Ariadnes F   **3** Ariadnen *Comm*
Ariadnem F   **6** uela atra F *non* atra uela   **9** Phedram F

XLIV   COCALVS

Minos quod Daedali opera multa sibi incommoda accide-
rant, in Siciliam est eum persecutus petiitque a rege Co-
calo ut sibi redderetur. cui cum Cocalus promisisset et
Daedalus rescisset, ab regis filiabus auxilium petiit. illae 5
Minoem occiderunt.

XLV   PHILOMELA

Tereus Martis filius Thrax cum Prognen Pandionis filiam
in coniugium haberet, Athenas ad Pandionem socerum
uenit rogatum ut Philomelam alteram filiam sibi in co-
2 niugium daret, Prognen suum diem obisse dicit. Pandion 5
ei ueniam dedit, Philomelamque et custodes cum ea misit; quos Tereus in mare iecit, Philomelamque inuentam
in monte compressit. postquam autem in Thraciam redit,
Philomelam mandat ad Lynceum regem, cuius uxor Lathusa, quod Progne fuit familiaris, statim pellicem ad eam 10
3 deduxit. Progne cognita sorore et Terei impium facinus,
pari consilio machinari coeperunt regi talem gratiam re-
ferre. interim Tereo ostendebatur in prodigiis Ity filio
eius mortem a propinqua manu adesse; quo responso audito cum arbitraretur Dryantem fratrem suum filio suo 15
mortem machinari, fratrem Dryantem insontem occidit.

XLV,7 inuentam in monte *Mi* (*e codice suo?*) in uitam in
monten (*sic*) F   **9** Lathusa *Rose* Laethusa F Lethusa *Bursian*
11 et F ad *Barthius* ob *Mu defendunt Rose et van Krevelen*
15 Driantem F *ut etiam infra*

Progne autem filium Itym ex se et Tereo natum occidit, 4
patrique in epulis apposuit et cum sorore profugit. Tereus 5
facinore cognito fugientes cum insequeretur, deorum mi-
20 sericordia factum est ut Progne in hirundinem commuta-
retur, Philomela in lusciniam; Tereum autem accipitrem
factum dicunt.

XLVI   ERECHTHEVS

Erechtheus Pandionis filius habuit filias quattuor, quae
inter se coniurarunt si una earum mortem obisset, ceterae
se interficerent. in eo tempore Eumolpus Neptuni filius 2
5 Athenas uenit oppugnaturus, quod patris sui terram Atticam fuisse diceret. is uictus cum exercitu cum esset ab 3
Atheniensibus interfectus, Neptunus ne filii sui morte
Erechtheus laetaretur expostulauit ut eius filia Neptuno
immolaretur. itaque Chthonia filia cum esset immolata, 4
10 ceterae fide data se ipsae interfecerunt; ipse Erechtheus
ab Ioue Neptuni rogatu fulmine est ictus.

XLVII   HIPPOLYTVS

Phaedra Minois filia Thesei uxor Hippolytum priuignum
suum adamauit; quem cum non potuisset ad suam perdu-
cere uoluntatem, tabellas scriptas ad suum uirum misit,
5 se ab Hippolyto compressam esse, seque ipsa suspendio

XLVI,1 Erechtheus *Mu* Erichtheus F *ut etiam infra*
9 Chthonia *Meursius*   Otionia F (*cf. fab. 238.2*)
XLVII,2 Phedra F

2 necauit. et Theseus re audita filium suum moenibus excedere iussit et optauit a Neptuno patre filio suo exitium.
itaque cum Hippolytus equis iunctis ueheretur, repente e
mari taurus apparuit, cuius mugitu equi expauefacti Hippolytum distraxerunt uitaque priuarunt.   10

XLVIII   REGES ATHENIENSIVM

Cecrops Terrae filius; Cephalus Deionis filius; Aegeus
Pandionis filius; Pandion Erichthonii filius; Theseus Aegei filius; Erichthonius Vulcani filius; Erechtheus Pandionis filius; Demophon Thesei filius.   5

XLIX   AESCVLAPIVS

Aesculapius Apollinis filius Glauco Minois filio uitam
reddidisse siue Hippolyto dicitur, quem Iuppiter ob id
2 fulmine percussit. Apollo quod Ioui nocere non potuit,
eos qui fulmina fecerunt, id est Cyclopes, interfecit; quod 5
ob factum Apollo datus est in seruitutem Admeto regi
Thessaliae.

6 moenibus *Sr*   manibus F   excedere *Mi*   excidere F
7 exitium *Mi* exitum F   **XLVIII,2** *ordinem ad rationem tem-*
poralem sic mutauit Rose: Cecrops, Cephalus, Erichthonius, Pandion, Erechtheus, Aegeus, Theseus, Demophon   Deionis
Mu   Deiones F   Deionei *Mi*   Aegeus *Sr*   Agoreus F
3 Erichthonii *Mu*   Erechthonii F   **4** Erichthonius *Mu*
Erychthonius F   Erechtheus *Mu* Erichtheus F   **5** Demophon *Mi* Dedophon F

L   ADMETVS

Alcestim Peliae filiam cum complures in coniugium peterent et Pelias cum multos eorum repudiaret, simultatem
his constituit, ei se daturum qui feras bestias ad currum
5 iunxisset: is quam uellet aueheret. itaque Admetus ab   2
Apolline petiit ut se adiuuaret. Apollo cum ab eo esset liberaliter tractatus cum in seruitium fuit ei traditus,
aprum et leonem ei iunctos tradidit, quibus ille Alcestim
in coniugium auexit.

LI   ALCESTIS

Alcestim Peliae et Anaxibies Biantis filiae filiam complures proci petebant in coniugium; Pelias uitans eorum con-
diciones repudiauit et simultatem constituit, ei se da-
5 turum qui feras bestias ad currum iunxisset et Alcestim
in coniugio auexisset. itaque Admetus ab Apolline petiit   2
ut se adiuuaret. Apollo autem quod ab eo in seruitutem
liberaliter esset acceptus, aprum et leonem ei iunctos tradidit, quibus ille Alcestim auexit. et illud ab Apolline ac-   3
10 cepit, ut pro se alius uoluntarie moreretur. pro quo cum
neque pater neque mater mori uoluisset, uxor se Alcestis
obtulit et pro eo uicaria morte interiit; quam postea Hercules ab inferis reuocauit.

L,2 Peliae *Mu* Pelei F   5 et iis, quo uellet, aueheretur *Mi*
iis, quum uellet, aueheret *Sr* et iis, quum uellet, eam aueheret
Mu del. Rose   **LI,2** Anaxibies Biantis *Sr* Anaxobies Dimantis F   7 seruitute *male Rose*

LII   AEGINA

Iuppiter cum Aeginam Asopi filiam uellet comprimere et
Iunonem uereretur, detulit eam in insulam Delon et
2 grauidam fecit, unde natus est Aeacus. hoc Iuno cum rescisset, serpentem in aquam misit quae eam uenenauit, ex 5
3 qua qui biberat, debitum naturae soluebat. quod cum
amissis sociis Aeacus prae paucitate hominum morari
non posset, formicas intuens petiit ab Ioue ut homines in
praesidio sibi daret. tunc Iuppiter formicas in homines
transfigurauit, qui Myrmidones sunt appellati, quod 10
4 Graece formicae myrmices dicuntur. insula autem Aegi-
nae nomen possedit.

LIII   ASTERIE

Iouis cum Asterien Titanis filiam amaret, illa eum con-
tempsit; a quo in auem ortygam commutata est, quam
nos coturnicem dicimus, eamque in mare abiecit, et ex ea
2 insula est enata, quae Ortygia est appellata. haec mobilis 5

LIII,2 *sqq. cf. Lact. Plac. ad Stat. Theb. 4.795; Myth. Vat. 1.37;
2.17; 3.8.3 (Seru. ad Aen. 3.73)*

LII,2 Iupiter F   5 quae F *non* qui   6 biberat F *non*
biberet   quod F ubi *uel* quo loco *Mi* quo *Heinsius*   7 morari F, *quod defendit van Krevelen* armari *uel* arare *Sr*
11 myrmices F, *per quod* μύρμηκες *intellegendum   est*
LIII,3 ortygam *Mu* Ortygiam F, *ut etiam Lact. Plac.* Ortygem
Mi; Graece maluit ὄρτυγα *Bunte*   4 eamque F ea se *Mi*

fuit; quo postea Latona ab Aquilone uento delata est
iussu Iouis, tunc cum eam Python persequeretur, ibique
oleam tenens Latona peperit Apollinem et Dianam; quae
insula postea Delos est appellata.

LIV   THETIS

Thetidi Nereidi fatum fuit, qui ex ea natus esset fortio-
rem fore quam patrem. hoc praeter Prometheum cum sci-   2
ret nemo et Iouis uellet cum ea concumbere, Prometheus
5 Ioui pollicetur se eum praemoniturum si se uinculis li-
berasset. itaque fide data monet Iouem ne cum Thetide
concumberet, ne si fortior nasceretur, Iouem de regno
deiceret, quemadmodum et ipse Saturno fecerat. itaque   3
datur Thetis in coniugium Peleo Aeaci filio, et mittitur
10 Hercules ut aquilam interficiat quae eius cor exedebat;
eaque interfecta Prometheus post $\overline{XXX}$ annos de monte
Caucaso est solutus.

LV   TITYVS

Latona quod cum Ioue concubuerat, Iuno Tityo Terrae filio immani magnitudine iusserat ut Latonae uim afferret;
qui cum conatus esset, a Ioue fulmine est interfectus. qui

7 tunc F tum *Rose*   **LIV,10** cor F, *quod nolim mutare coll.*
Fulgent. mith. 2.6   11 $\overline{XXX}$ *Rose* triginta F, *sed u. Hyg. astron.*
2.15.3   **LV,1** Tytius F   2 Tytio F

nouem iugeribus ad inferos exporrectus iacere dicitur, et 5
serpens ei appositus est qui iecur eius exesset, quod cum
luna recrescit.

LVI   BVSIRIS

In Aegypto apud Busiridem Neptuni filium cum esset sterilitas et Aegyptus annis nouem siccitate exaruisset, ex
Graecia augures conuocauit. Thrasius Pygmalionis fratris
filius Busiridi monstrauit immolato hospite uenturos im- 5
bres, promissisque fidem ipse immolatus exhibuit.

LVII   STHENEBOEA

Bellerophon cum ad Proetum regem exsul in hospitium
uenisset, adamatus est ab uxore eius Stheneboea; qui
cum concumbere cum ea noluisset, illa uiro suo mentita
2 est se ab eo compellatam. at Proetus re audita conscripsit 5
tabellas de ea re et mittit eum ad Iobaten regem, patrem
Stheneboeae. quibus lectis talem uirum interficere noluit,
sed ad Chimaeram eum interficiendum misit, quae tripar-
3 tito ore flammam spirare dicebatur. idem: prima leo,
4 postrema draco, media ipsa chimaera. hanc super Pega- 10
sum sedens interfecit, et decidisse dicitur in campos

LVI,4 Thrasius *Mi*   Thasius F   Pigmalionis F
LVII,1 Sthenoboea F *ut etiam infra*   **6** Iobaten *Mi, ut uid.,
qui* Ioabeten *habet in mg.* Diobaten F Iobatam *Sr*   **9** ore F
⟨corpore⟩ ore *Stav* corpore *Rose*   idem F itidem *Brakman
num* item?   **9–10** idem ... chimaera *del. Mu ut glossema e Lucr.
5.905 petitum*

Aleios, unde etiam coxas eiecisse dicitur. at rex uirtutes
eius laudans alteram filiam dedit ei in matrimonium.
Stheneboea re audita ipsa se interfecit.   5

LVIII   SMYRNA

Smyrna Cinyrae Assyriorum regis et Cenchreidis filia,
cuius mater Cenchreis superbius locuta quod filiae suae
formam Veneri anteposuerat. Venus matris poenas exse-
5 quens Smyrnae infandum amorem obiecit, adeo ut patrem suum amaret. quae ne suspendio se necaret nutrix 2
interuenit et patre nesciente per nutricem cum eo concubuit, ex quo concepit, idque ne palam fieret, pudore sti-
mulata in siluis se abdidit. cui Venus postea miserta est 3
10 et in speciem arboris eam commutauit unde myrrha fluit,
ex qua natus est Adonis, qui matris poenas a Venere est
insecutus.

LIX   PHYLLIS

Demophoon Thesei filius in Thraciam ad Phyllidem in
hospitium dicitur uenisse et ab ea esse amatus; qui cum
in patriam uellet redire, fidem ei dedit se ad eam redi-
5 turum. qui die constituta cum non uenisset, illa eo die di- 2
citur nouies ad litus cucurrisse, quod ex ea Ἐννέα Ὁδοὶ
Graece appellatur. Phyllis autem ob desiderium Demo-

·12 Aleios *Mi* alienos F   **LIX,6** Ἐννέα ὁδοὶ *Meursius*
Enneados F

3 phoontis spiritum emisit. cui parentes cum sepulchrum
constituissent, arbores ibi sunt natae quae certo tempore
Phyllidis mortem lugent, quo folia arescunt et diffluunt; 10
cuius ex nomine folia Graece phylla sunt appellata.

LX   SISYPHVS ET SALMONEVS

Sisyphus et Salmoneus Aeoli filii inter se inimici fuere.
Sisyphus petiit ab Apolline quomodo posset interficere
inimicum, id est fratrem; cui responsum fuit, si ex compressu Tyronis Salmonei fratris filiae procreasset liberos, 5
2 fore ultores. quod cum Sisyphus fecisset, duo sunt filii
3 nati, quos Tyro mater eorum sorte audita necauit. at Sisyphus ut resciit ⟨...⟩ qui nunc dicitur saxum propter impietatem aduersus montem ad inferos ceruicibus uoluere,
quod cum ad summum uerticem perduxerit, rursum deor- 10
sum post se reuoluatur.

LXI   SALMONEVS

Salmoneus Aeoli filius, Sisyphi frater, cum tonitrua et
fulmina imitaretur Iouis, sedensque quadrigam faces ar-
dentes in populum mitteret et ciues, ob id a Ioue fulmine
est ictus.   5

LIX,11 *cf. Seru. ad Ecl. 5.10*

11 phylla F *cum codd. Seruii*; *litteris, si mauis, Graecis scribe
cum Bunte*   **LX,4** id est fratrem *glossam censuit Sr*   **8** *deesse
aliquid uidit Mi*   **LXI,3** sedensque *Sr* sedens F et ascendens
Mi

LXII   IXION

Ixion Leontei filius conatus est Iunonem comprimere:
Iuno Iouis iussu nubem supposuit, quam Ixion Iunonis
simulacrum esse credidit; ex ea nati sunt centauri. at
5 Mercurius Iouis iussu Ixionem ad inferos in rota con-
strinxit, quae ibi adhuc dicitur uerti.

LXIII   DANAE

Danae Acrisii et Aganippes filia. huic fuit fatum ut quod
peperisset Acrisium interficeret; quod timens Acrisius,
eam in muro lapideo praeclusit. Iouis autem in imbrem
5 aureum conuersus cum Danae concubuit, ex quo compressu natus est Perseus. quam pater ob stuprum inclu-   2
sam in arca cum Perseo in mare deiecit. ea uoluntate   3
Iouis delata est in insulam Seriphum, quam piscator Dictys cum inuenisset, effracta ⟨arca⟩ uidit mulierem cum
10 infante, quos ad regem Polydectem perduxit, qui eam in
coniugio habuit et Perseum educauit in templo Mineruae. quod cum Acrisius rescisset eos ad Polydectem mo-   4
rari, repetitum eos profectus est; quo cum uenisset, Polydectes pro eis deprecatus est, Perseus Acrisio auo suo
15 fidem dedit se eum numquam interfecturum. qui cum   5
tempestate retineretur, Polydectes moritur; cui cum fu-

LXII,2 Phlegyae filius *exspectares, ut adnotat Mi*   **3** quam
Iunonem non simulacrum *Mu* (*malim* quam ipsam Iunonem)
alii alia   **LXIII**,9 ⟨arca⟩ *suppleui* ⟨ea⟩ *Tollius*   **13** quo *Mi*
quod F

nebres ludos facerent, Perseus disco misso, quem uentus
distulit in caput Acrisii, eum interfecit. ita quod uoluntate sua noluit, deorum factum est; sepulto autem eo Argos profectus est regnaque auita possedit.   20

LXIV ANDROMEDA

Cassiope filiae suae Andromedae formam Nereidibus anteposuit. ob id Neptunus expostulauit ut Andromeda Ce-
2 phei filia ceto obiceretur. quae cum esset obiecta, Perseus
Mercurii talaribus uolans eo dicitur uenisse et eam libe-   5
rasse a periculo; quam cum abducere uellet, Cepheus pater cum Agenore, cuius sponsa fuit, Perseum clam interfi-
3 cere uoluerunt. ille cognita re caput Gorgonis eis ostendit
omnesque ab humana specie sunt informati in saxum.
4 Perseus cum Andromeda in patriam redit. Polydectes 10
⟨ut⟩ uidit Perseum tantam uirtutem habere, pertimuit
eumque per dolum interficere uoluit; qua re cognita Perseus caput Gorgonis ei ostendit et is ab humana specie
est immutatus in lapidem.

LXV ALCYONE

Ceyx Hesperi siue Luciferi et Philonidis filius cum in
naufragio periisset, Alcyone Aeoli et Aegiales filia uxor

---

18 eum *Mu*   et eum F   ita eum *Sr*   auum *Barthius*
LXIV,1 Andromada *hic et infra* F   **6** abducere *Mi* adducere
F, *quod defendere nititur Rose*   **10** Polydectes *Sr* Polydectes
siue Proetus F   **11** suppl. *Mu* ⟨ubi⟩ *uel* ⟨postquam⟩ *Mi*
LXV,3 Egyales F

eius propter amorem ipsa se in mare praecipitauit; qui
5 deorum misericordia ambo in aues sunt mutati quae al-
cyones dicuntur. hae aues nidum oua pullos in mari septem diebus faciunt hiberno tempore; mare his diebus
tranquillum est, quos dies nautae alcyonia appellant.

LXVI   LAIVS

Laio Labdaci filio ab Apolline erat responsum de filii sui
manu mortem ut caueret. itaque Iocasta Menoecei filia
uxor eius cum peperisset, iussit exponi. hunc Periboea 2
5 Polybi regis uxor cum uestem ad mare lauaret expositum
sustulit; Polybo sciente, quod orbi erant liberis, pro suo
educauerunt, eumque quod pedes transiectos haberet,
Oedipum nominauerunt.

LXVII   OEDIPVS

Postquam Oedipus Laii et Iocastes filius ad puberem aetatem peruenit, fortissimus praeter ceteros erat, eique per
inuidiam aequales obiciebant eum subditum esse Polybo,
5 eo quod Polybus tam clemens esset et ille impudens;
quod Oedipus sensit non falso sibi obici. itaque Delphos 2
est profectus sciscitatum de ⟨...⟩ in prodigiis ostendeba-

6 mari F *non* mare   **LXVI,2** Labdaci *Mu* Labdacis F
3 Menoecei *Mu, duce Mi* Menyci F   **4** ⟨natum⟩ iussit *Mi*
LXVII,7 *lac. stat. Mi* ⟨origine sua, Laius cui⟩ *suppl. Mu*
⟨parentibus suis. interim Laio⟩ *Rose sed* in prodigiis ... nati
manu *delendum,* idem *in* de eodem *mutandum censuit Sr*

3 tur mortem ei adesse de nati manu. idem cum Delphos
iret, obuiam ei Oedipus uenit, quem satellites cum uiam
regi dari iuberent, neglexit. rex equos immisit et rota pe- 10
dem eius oppressit; Oedipus iratus inscius patrem suum
4 de curru detraxit et occidit. Laio occiso Creon Menoecei
filius regnum occupauit; interim Sphinx Typhonis in
Boeotiam est missa, quae agros Thebanorum uexabat; ea
regi Creonti simultatem constituit, si carmen quod po- 15
suisset aliquis interpretatus esset, se inde abire; si autem
datum carmen non soluisset, eum se consumpturam dixit
5 neque aliter de finibus excessuram. rex re audita per
Graeciam edixit; qui Sphingae carmen soluisset, regnum
se et Iocasten sororem ei in coniugium daturum promisit. 20
cum plures regni cupidine uenissent et a Sphinge essent
consumpti, Oedipus Lai filius uenit et carmen est inter-
6 pretatus; illa se praecipitauit. Oedipus regnum paternum
et Iocasten matrem inscius accepit uxorem, ex qua procreauit Eteoclen et Polynicen, Antigonam et Ismenen. in- 25
terim Thebis sterilitas frugum et penuria incidit ob Oedipodis scelera, interrogatusque Tiresias quid ita Thebae
uexarentur, respondit, si quis ex draconteo genere supe-
resset et pro patria interiisset, pestilentia liberaturum.

8 idem F itidem *Mu*   **10** dare *Bursian*   **12** Menoecei
Mu, duce Mi Menyci F   **19** Sphingis *Mi*   **21** *in uerbis* a
Spinge (*sic*) *incipit fragmentum in cod. Vat. Pal. lat. 24* (N); *u.
Praef. p. IX*   **22** Lai F *non* Laii (*margine exsecto non exstat in*
N)   interpretatus est N   **24** Iocasten N Iocastam F
25 Eteoclen N Etheoclen F   ⟨Ismen⟩en N Ismenam F
interim ... incidit F incidit Thebis sterilitas et pestilen⟨tia⟩ N
27 *post* ⟨sceler⟩a *uerba* interrogatusque ... **34** fecit *om.* N, *qui
inuicem legit* interim Eriboea Polybi regis uxor ⟨...⟩uerat, Sicyone Thebis uenit, eaque Oe⟨dipodi ...⟩te

30 tum Menoeceus Iocastae pater se de muris praecipitauit.
dum haec Thebis geruntur, Corintho Polybus decedit, 7
quo audito Oedipus moleste ferre coepit, aestimans patrem suum obisse; cui Periboea de eius suppositione palam fecit; item Menoetes senex, qui eum exposuerat, ex
35 pedum cicatricibus et talorum agnouit Lai filium esse.
Oedipus re audita postquam uidit se tot scelera nefaria fe- 8
cisse, ex ueste matris fibulas detraxit et se luminibus
priuauit, regnumque filiis suis alternis annis tradidit, et a
Thebis Antigona filia duce profugit.

LXVIII   POLYNICES

Polynices Oedipodis filius anno peracto regnum ab Eteocle fratre repetit; ille cedere noluit. itaque Polynices Adrasto rege adiuuante cum septem ductoribus Thebas op-
5 pugnatum uenit. ibi Capaneus quod contra Iouis 2
uoluntatem Thebas se capturum diceret, cum murum ascenderet fulmine est percussus; Amphiaraus terra est
deuoratus; Eteocles et Polynices inter se pugnantes alius
alium interfecerunt. his cum Thebis parentaretur, etsi 3
10 uentus uehemens esset, tamen fumus se numquam in
unam partem conuertit sed alius alio seducitur. ceteri 4
cum Thebas oppugnarent et Thebani rebus suis diffide-

30 Menoeceus *Mu, duce Mi* Menycus F   Iocastae pater *del.*
Rose, sed idem reperias in fab. 242.3   **34** item Menoetes *Unger*
item Moenetes N id Itemales F   eum ex ⟨...⟩ tricem cognouit. Lai filium esse dixit N, *in quo in reliquo capite sola uerba*
scelere *et* audiens *exstant*   **LXVIII,2** Etheocle F   **8** Etheocles F   **12** rebus *Wopkens* regibus F

HIGH

rent, Tiresias Eueris filius augur praemonuit, si ex dracontea progenie aliquis interiisset, oppidum ea clade libe-
rari. Menoeceus cum uidit se unum ciuium salutem posse 15
redimere, muro se praecipitauit; Thebani uictoria sunt
potiti.

A

Polynices Oedipodis filius anno peracto regnum ab Eteocle fratre Adrasto Talai filio adiutore repetit cum septem
ductoribus et Thebas oppugnarunt. ibi Adrastus beneficio
equi profugit. Capaneus contra Iouis uoluntatem Thebas 5
se capturum dixit, et cum murum ascenderet fulmine ab
Ioue est percussus, Amphiaraus cum quadriga terra est
deuoratus, Eteocles et Polynices inter se pugnantes alius
alium interfecerunt. his inferiae communes cum fiunt
Thebis, fumus separatur quod alius alium interfecerunt. 10
reliqui perierunt.

B

Polynices Oedipodis filius anno peracto ⟨regnum ab
Eteocle fra⟩tre paternum ⟨repetit⟩; ille ce⟨dere no⟩luit;
⟨Polynices Thebas oppugnatum⟩ uenit. ibi Capaneus
quod contra ⟨Iouis uoluntatem Thebas⟩ se capturum di- 5
xit cum murum asc⟨enderet fulmine percus⟩sus ⟨e⟩st;

13 Eueris *Mu* Euri F Eurimi *Mi*   **15** Menoeceus *Mu, duce
Mi* Menycus F   **LXVIIIA,2** *haec uaria narratio inuenitur in*
F *ad calcem fab. 71 (non exstat in cod.* N, *ut neglegenter dicit Rose);
huc transposuit St*   Etheocle F   **8** Etheocles F   **10** fumus F   funus *Rose, neglegentia, ut uid.*   seperatur F
LXVIIIB,2 *haec narratio in cod. Vat. Pal. lat. 24* (N) *in folio 45ʳ
inuenitur; supplementa Niebuhrii recepi*

Amphiaraus ⟨terra est deuoratus; Eteocles et Polynices⟩
depugnantes alius alium interfecer⟨unt. quibus cum The-
bis⟩ parentatur, etsi uentus uehemens est ⟨tamen fumus
10 se numquam⟩ in unam partem uertit sed se in duas ⟨par-
tes seducit. ceteri cum⟩ Thebas oppugnarent et Theba-
nus⟨...⟩

LXIX ADRASTVS

Adrasto Talai et Eurynomes filio responsum ab Apolline
fuit eum filias suas Argiam et Deipylam apro et leoni daturum in coniugium. sub eodem tempore Polynices Oedi-   2
5 podis filius expulsus ab Eteocle fratre ad Adrastum deuenit et Tydeus simul Oenei et Periboeae captiuae filius a
patre, quod fratrem Menalippum in uenatione occiderat,
fere sub eodem tempore uenit. quod cum satellites Adra-   3
sto nuntiassent duos iuuenes incognita ueste uenisse
10 (unus enim aprinea pelle opertus alter leonina), tunc Adrastus memor sortium suarum iubet eos ad se perduci atque ita interrogauit quid ita hoc cultu in regna sua uenissent. cui Polynices indicat se a Thebis uenisse et idcirco   4
se pellem leoninam operuisse quod Hercules a Thebis ge-
15 nus duceret et insignia gentis suae secum portaret; Tydeus autem dicit se Oenei filium esse et a Calydone genus ducere, ideo pelle aprinea se opertum, significans

12 *ad finem* ⟨rebus suis diffideret⟩ *suppl. Niebuhr*
LXIX,3 Deipylam *Mu* Deiphilam F *ut etiam infra*   5 Etheocle F   14 pelle leonina *Mi, sed u. Rose et van Krevelen*
15 portare *Sr*   16 Calidone F *ut etiam infra*

5 aprum Calydonium. tunc rex responsi memor Argiam
maiorem dat Polynici, ex qua nascitur Thersander; Deipylam minorem dat Tydeo, ex quae nascitur Diomedes 20
6 qui apud Troiam pugnauit. at Polynices rogat Adrastum
ut sibi exercitum commodaret ad paternum regnum recu-
perandum a fratre; cui Adrastus non tantum exercitum
dedit sed ipse cum ⟨VI⟩ aliis ducibus profectus est, quo-
7 niam Thebae septem portis claudebantur. Amphion enim 25
qui Thebas muro cinxit septem filiarum nomine portas
constituit; hae autem fuerunt Thera Cleodoxe Astynome
Astycratia Chias Ogygia Chloris.

A

Adrastus Talai filius habuit ⟨filias Deipylen et Argi⟩am;
huic ab Apolline responsum fuit ⟨eum filias apro et
leon⟩i daturum. quod Tydeus Oenei filius ⟨a patre in exi-
lium pulsus qu⟩od fratrem Menalippum in uenando ⟨oc- 5
ciderat, pelle aprine⟩a tectus ad Adrastum uenit; eodem
tem⟨pore et Polynices Oedipo⟩dis filius cum ab Eteocle
fratre e regno ⟨pulsus esset, pelle le⟩onis opertus uenit;
hos Adrastus cum uidit, memor sortis Argiam Polynici,
⟨Deipylam Tydeo in coniu⟩gium dedit. 10

LXX REGES SEPTEM THEBAS PROFECTI

Adrastus Talai filius ex Eurynome Iphiti filia Argiuus.
Polynices Oedipodis filius ex Iocasta Menoecei filia The-

24 cum ⟨VI⟩ aliis *Bursian* cum aliis ⟨sex⟩ *Sr*   28 Ogygia
Mu Oggygia F   **LXIXA** *haec exstant in cod. Vat. Pal. lat 24*
(N), in foliis 38ʳ et 45ʳ; supplementa Niebuhrii recepi, nisi quod Dei-
philen *bis legit*   **LXX,3** Menoecei *Mu* Menoetii F

banus. Tydeus Oenei filius ex Periboea captiua Calydo-
5 nius. Amphiaraus Oeclei, uel ut alii auctores dicunt Apollinis, ex Hypermestra Thestii filia Pylius. Capaneus
Hipponoi filius ex Astynome Talai filia, sorore Adrasti,
Argiuus. Hippomedon Mnesimachi filius ex Metidice Talai filia, sorore Adrasti, Argiuus. Parthenopaeus Meleagri
10 filius ex Atalanta Iasii filia ex monte Parthenio Arcas. hi   2
omnes duces apud Thebas perierunt praeter Adrastum
Talai filium; is enim equi beneficio ereptus est; qui postea filios eorum armatos ad Thebas expugnandas misit ut
iniurias paternas uindicarent, eo quod insepulti iacuerant
15 Creontis iussu, qui Thebas occuparat, fratris Iocastes.

A

Adrastus Talai filius, Capaneus Hippo⟨noi filius, Am-
phi⟩araus Oeclei filius, Polynices Oedi⟨podis filius, Tydeus Oen⟩ei filius, Parthenopaeus Atalantes ⟨filius...⟩

LXXI   SEPTEM EPIGONI ID EST FILII

Aegialeus Adrasti filius ex Demoanassa Argiuus; hic solus periit ex septem qui exierunt; quia pater exsuperaue-

LXX,9 *cf. Lact. Plac. ad Stat. Theb. 1.44*

4 Calidonius F   **7** Hipponoi *Mi* Hiponoi F   **8** Mnesimachi *St* Nesimachi F *cum Lact. Plac. ad Stat. Theb. 1.44* Nausi-
machi *Niebuhr*   Metidice *Stoll* Mythidice F   **10** Parthenio
Mu Partheno F   **LXXA** *haec exhibet cod. Vat. Pal. lat. 24* (N)
in folio 45ʳ; supplementa Niebuhrii recepi   **LXXI,2** Aegialeus
F (*cum* N *infra*) *non* Aegialus   **3** exuperauerat F ex ⟨septem⟩
superauerat *Mu, sed recte lectionem codicis* F *defendit van Krevelen*

rat pro patre uicariam uitam dedit; ceteri sex uictores re-
2 dierunt. Thersander Polynicis filius ex Argia Adrasti filia 5
Argiuus. Polydorus Hippomedontis filius ex Euanippe
Elati filia Argiuus. Alcmaeon Amphiarai filius ex Eriphyle Talai filia Argiuus. Tlesimenes Parthenopaei filius
ex Clymene nympha Mysius.

A

Aegialeus Adrasti filius, Polydorus Hi⟨ppomedontis filius, Sthe⟩nelus Capanei filius, Alcmaeon Amph⟨iarai filius, Thersander⟩ Polynicis filius, Biantes Parthenopaei
⟨filius, Diomedes Tydei filius⟩.   5

LXXII   ANTIGONA

Creon Menoecei filius edixit ne quis Polynicen aut qui
una uenerunt sepulturae traderet, quod patriam oppugnatum uenerint; Antigona soror et Argia coniunx clam
noctu Polynicis corpus sublatum in eadem pyra qua Eteo- 5
2 cles sepultus est imposuerunt. quae cum a custodibus de-
prehensae essent, Argia profugit, Antigona ad regem est
perducta; ille eam Haemoni filio, cuius sponsa fuerat, dedit interficiendam. Haemon amore captus patris imperium neglexit et Antigonam ad pastores demandauit, 10
3 ementitusque est se eam interfecisse. quae cum filium

---

7 Eriphyle *Comm* Euriphyle F   **8** Tlesimenes *Bursian*
Thesimenes F   **9** Climene F   Mysius *Robert* Nysius F
LXXIA *haec habet cod. Vat. Pal. lat. 24* (N) *in folio 45ʳ; supple-*
menta Niebuhrii recepi   **LXXII,2** Menoecei *Mu* Menoetii
F   **3** traderet *Mu* traderent F   **5** Etheocles F

procreasset et ad puberem aetatem uenisset, Thebas ad
ludos uenit; hunc Creon rex, quod ex draconteo genere
omnes in corpore insigne habebant, cognouit. cum Her-
15 cules pro Haemone deprecaretur ut ei ignosceret, non impetrauit; Haemon se et Antigonam coniugem interfecit.
at Creon Megaram filiam suam Herculi dedit in coniu- 4
gium, ex qua nati sunt Therimachus et Ophites.

LXXIII AMPHIARAVS ERIPHYLA
ET ALCMAEON

Amphiaraus Oeclei et Hypermestrae Thestii filiae filius
augur, qui sciret si ad Thebas oppugnatum isset se inde
5 non rediturum, itaque celauit se conscia Eriphyle coniuge
sua Talai filia. Adrastus autem ut eum inuestigaret mo- 2
nile aureum ex gemmis fecit et muneri dedit sorori suae
Eriphylae, quae doni cupida coniugem prodidit; Amphiaraus Alcmaeoni filio suo praecepit ut post suam mortem
10 poenas a matre exsequeretur. qui postquam apud Thebas 3
terra est deuoratus, Alcmaeon memor patris praecepti
Eriphylen matrem suam interfecit; quem postea furiae
exagitarunt.

LXXIV HYPSIPYLE

Septem ductores qui Thebas oppugnatum ibant deuenerunt in Nemeam, ubi Hypsipyle Thoantis filia in seruitute
puerum Archemorum siue Ophiten Lyci regis filium nu-

---

13 draconteo *Sr* dracontea F   **15** pro Haemone *corruptum*
putat Scodel   **18** Therimachus *Mu*   Theremachus F
LXXIII,4 qui F cum *Mi*   **7** aureum ex F ex auro et *Rose*

triebat; cui responsum erat ne in terra puerum deponeret 5
2 antequam posset ambulare. ergo ductores septem qui
Thebas ibant aquam quaerentes deuenerunt ad Hypsipylen eamque rogauerunt ut eis aquam demonstraret. illa timens puerum in terram deponere, apium altissimum erat
3 ad fontem, in quo puerum deposuit. quae dum aquam eis 10
tradit, draco fontis custos puerum exedit. at draconem
Adrastus et ceteri occiderunt et Lycum pro Hypsipyle de-
precati sunt, ludosque puero funebres instituerunt, qui
quinto quoque anno fiunt, in quibus uictores apiaciam
coronam accipiunt. 15

LXXV TIRESIAS

In monte Cyllenio Tiresias Eueris filius pastor dracones
uenerantes dicitur baculo percussisse, alias calcasse; ob
id in mulieris figuram est conuersus; postea monitus a
sortibus in eodem loco dracones cum calcasset, redit in 5
2 pristinam speciem. eodem tempore inter Iouem et Iunonem fuit iocosa altercatio quis magis de re uenerea uo-
luptatem caperet, masculus an femina, de qua re Tire-
3 siam iudicem sumpserunt qui utrunque erat expertus. is
cum secundum Iouem iudicasset, Iuno irata manu auersa 10
eum excaecauit; at Iouis ob id fecit ut septem aetates
uiueret uatesque praeter ceteros mortales esset.

LXXV,2 *sqq. cf. Lact. Plac. ad Stat. Theb. 2.95; Myth. Vat. 2.84*

LXXIV,9 *scribere debuit noster* ⟨quod⟩ apium ... in eo, *ut dicit Mu; lac. statuunt alii* LXXV,2 Eueris *Mu* Eurimi F
3 alias calcasse *glossam putat Mu* 10 aduersa Bursian

LXXVI   REGES THEBANORVM

Cadmus Agenoris filius, Amphion Iouis, Polydorus
Cadmi, Laius Labdaci, Pentheus Echionis, Creon Menoecei, Oedipus Lai, Polynices Oedipi, Lycus Neptuni, Eteo-
5 cles Oedipi, Zetus Iouis, Labdacus Polydori.

LXXVII   LEDA

Iupiter Ledam Thestii filiam in cygnum conuersus ad flumen Eurotam compressit, et ex eo peperit Pollucem et
Helenam, ex Tyndareo autem Castorem et Clytaemne-
5 stram.

LXXVIII   TYNDAREVS

Tyndareus Oebali filius ex Leda Thestii filia procreauit
Clytaemnestram et Helenam; Clytaemnestram Agamemnoni Atrei filio dedit in coniugium; Helenam propter for-
5 mae dignitatem complures ex ciuitatibus in coniugium
proci petebant. Tyndareus cum repudiari filiam suam   2
Clytaemnestram ab Agamemnone uereretur timeretque

LXXVI,2 *ordinem secundum* F *exhibui; uarie disponunt edd.,*
ut Rose, qui Cadmus, Polydorus, Pentheus, Labdacus, Lycus,
Amphion, Zetus, Laius, Oedipus, Polynices, Eteocles, Creon
habet   **3** Menoecei *Mu* Menoetii F   **4** Etheocles F
LXXVIII,5 ex ⟨uicinis⟩ *Sr* ex ⟨diuitibus⟩ *St* ⟨compluribus⟩
ex *Rose*   **6** repudiari *Castiglioni* repudiaret F ⟨ne⟩ *ante* repudiaret *suppl. Rose, qui etiam* ab Agamemnone *post* cum
transposuit ⟨et⟩ ab Ag. *temptat Comm*

ne quid ex ea re discordiae nasceretur, monitus ab Vlixe
iureiurando se obligauit et arbitrio Helenae posuit ut cui
3 uellet nubere coronam imponeret. Menelao imposuit, cui 10
Tyndareus eam dedit uxorem regnumque moriens Menelao tradidit.

LXXIX   HELENA

Theseus Aegei et Aethrae Pitthei filiae filius cum Pirithoo Ixionis filio Helenam Tyndarei et Ledae filiam uirginem de fano Dianae sacrificantem rapuerunt et detule-
2 runt Athenas in pagum Atticae regionis. quod Iouis eos 5
cum uidisset tantam audaciam habere ut se ipsi ad periculum offerrent, in quiete eis imperauit ut peterent ambo
a Plutone Pirithoo Proserpinam in coniugium; qui cum
per insulam Taenariam ad inferos descendissent et de
qua re uenissent indicarent Plutoni, a furiis strati diuque 10
3 lacerati sunt. quo Hercules ad canem tricipitem ducen-
dum cum uenisset, illi fidem eius implorarunt; qui a Plu-
4 tone impetrauit eosque incolumes eduxit. ob Helenam
Castor et Pollux fratres belligerarunt et Aethram Thesei
matrem et Phisadiem Pirithoi sororem ceperunt et in se- 15
ruitutem sorori dederunt.

8 Vlyxe F   **9** ⟨in⟩ arbitrio *Mu*   **10** cui *Sr* ut cui F
12 tradidit F reliquit *neglegenter Rose*   **LXXIX,10** prostrati
Mi stricti *Eitrem, sed u. van Krevelen*   **13** ob *Mu* ad F, *defendit*
van Krevelen, duce Werth (= πϱὸς Ελένης)   **15** Thisiade *habet*
noster fab. 92.5 Clymenen filiam Diae *Robert*

LXXX   CASTOR

Idas et Lynceus Apharei filii ex Messenis habuerunt
sponsas Phoeben et Hilairam Leucippi filias; hae autem
formosissimae uirgines cum essent et esset Phoebe sacer-
5 dos Mineruae, Hilaira Dianae, Castor et Pollux amore incensi eas rapuerunt. illi amissis sponsis arma tulerunt, si   2
possent eas recuperare. Castor Lynceum in proelio interfecit; Idas amisso fratre omisit bellum et sponsam, coepit
fratrem sepelire. cum ossa eius collocaret in pila, interue-   3
10 nit Castor et prohibere coepit monumentum fieri, quod
diceret se eum quasi feminam superasse. Idas indignans
gladio quo cinctus erat Castori inguina traiecit. alii dicunt quemadmodum aedificabat pilam super Castorem
impulisse et sic interfectum. quod cum annuntiassent   4
15 Polluci, accurrit et Idam uno proelio superauit, corpus-
que fratris recuperatum sepulturae dedit; cum autem ipse
stellam ab Ioue accepisset et fratri non esset data, ideo
quod diceret Iouis Castorem semine Tyndarei et Clytaemnestram natos, ipsum autem et Helenam Iouis esse filios,
20 tunc deprecatus Pollux ut liceret ei munus suum cum fratre communicare; cui permisit, ideoque dicitur "alterna
morte redemptus." unde etiam Romani seruant institutum; cum desultorem mittunt, unus duos equos habet, pileum in capite, ⟨de⟩ equo in equum transilit, quod ille
25 sua et fratris uice fungatur.

LXXX,2 Messenia *Bursian*   **3** Ilairam (*sic*) *Mi, ut etiam
infra* Lairam F   **13** quemadmodum *defendit Foerster* quam
commodum *Bursian*   **14** annunciassent *Sr*   -sset F
annunciatum esset *St*   **18** Iouis F, *non* Pollucem Iouis, *ut dicit Rose*   **21–25** ideoque ... fungatur *del. Rose, ut ab aliquo
Vergilii enarratore sumpta* (*cf. Aen. 6.121*)   **22** Rhomani F
24 *suppl. Sr* (*cf. Isid. et. 18.39*)

LXXXI   PROCI HELENAE

Antilochus, Ascalaphus, Aiax Oileus, Amphimachus, Ancaeus, † Blanirus, Agapenor, Aiax Telamonius, Clytius
Cyaneus, Menelaus, Patroclus, Diomedes, Peneleus, Phe-
mius, Nireus, Polypoetes, Elephenor, Eumelus, Sthene- 5
lus, Tlepolemus, Protesilaus, Podalirius, Eurypylus,
Idomeneus, Leonteus, Thalpius, Polyxenus, Prothous,
Menestheus, Machaon, Thoas, Vlysses, Phidippus, Meriones, Meges, Philoctetes; alia ueteres.

LXXXII   TANTALVS

Tantalus Iouis et Plutonis filius procreauit ex Dione Pelo-
2 pem. Iupiter Tantalo concredere sua consilia solitus erat
et ad epulum deorum admittere, quae Tantalus ad homines renuntiauit; ob id dicitur ad inferos in aqua media 5
fine corporis stare semperque sitire, et cum haustum
3 aquae uult sumere aquam recedere. item poma ei super

LXXXII,7 *sqq. cf. Dositheum CGL 3.59.30–32*

LXXXI,2 Antilochus *Mi* Antiochus F   Amphimachus *Mu*
Antimachus F Amphilochus   *Sr*   Ancaeus   *Sr* Aecaeus   F
3 Blanirus F Ialmenus *Mu num* Elimus (*hoc est* Helymus)?
5 Stenelus F   **6** Euripylus F   **7** Leonteus *Mi* Teleontes
F Teucer Leonteus *St*   Thalpius *Mi* Tallius F   Prothous *Mi*
Protus F   **8** Menestheus *Bunte* Mnestheus F   **9** *pro* alia
ueteres   *Mu*   scribendum   putat   Helenae   mnesteres
LXXXII,2 Plutonis *Mu* (*cf. fab. 155.3*) Plytones F   Pelopen
(*sic*) *Mi* Penelopen F   **5** aqua *Mi* aquam F

caput pendent, quae cum uult sumere, rami uento moti
recedunt. item saxum super caput eius ingens pendet,
10 quod semper timet ne super se ruat.

LXXXIII PELOPS

Pelops Tantali et Diones Atlantis filiae filius cum esset in
epulis deorum a Tantalo caesus, bracchium eius Ceres
consumpsit, qui a deorum numine uitam recepit; cui cum
5 cetera membra ut fuerant coissent, umero non perpetuo
eburneum eius loco Ceres aptauit.

LXXXIV OENOMAVS

Oenomaus Martis et Asteropes ⟨Atlantis⟩ filia filius habuit in coniugio Euareten Acrisii filiam, ex qua procreauit Hippodamiam, uirginem eximiae formae, quam nulli
5 ideo dabat in coniugium quod sibi responsum fuit a ge-
nero mortem cauere. itaque cum complures eam peterent   2
in coniugium, simultatem constituit se ei daturum qui secum quadrigis certasset uictorque exisset, (quod is equos
aquilone uelociores habuit), uictus autem interficeretur.
10 multis interfectis nouissime Pelops Tantali filius cum ue-   3
nisset et capita humana super ualuas fixa uidisset eorum
qui Hippodamiam in uxorem petierant, paenitere eum
coepit regis crudelitatem timens. itaque Myrtilo aurigae   4
eius persuasit regnumque ei dimidium pollicetur si se

LXXXIV,2 suppl. *Mu*   **11** ualuas *Mi* halbas F

adiuuaret. fide data Myrtilus currum iunxit et clauos in 15
rotas non coniecit; itaque equis incitatis currum defec-
5 tum Oenomai equi distraxerunt. Pelops cum Hippodamia
et Myrtilo domum uictor cum rediret, cogitauit sibi op-
probrio futurum et Myrtilo fidem praestare noluit, eumque in mare praecipitauit, a quo Myrtoum pelagus est ap- 20
pellatum. Hippodamiam in patriam adduxit suam quod
Peloponnesum appellatur; ibi ex Hippodamia procreauit
Hippalcum Atreum Thyesten.

LXXXV   CHRYSIPPVS

Laius Labdaci filius Chrysippum Pelopis filium nothum
propter formae dignitatem Nemeae ludis rapuit, quem ab
eo Pelops bello recuperauit. hunc Atreus et Thyestes matris Hippodamiae impulsu interfecerunt; Pelops cum Hip- 5
podamiam argueret, ipsa se interfecit.

LXXXVI   PELOPIDAE

Thyestes Pelopis et Hippodamiae filius quod cum Aeropa
Atrei uxore concubuit a fratre Atreo de regno est eiectus;
at is Atrei filium Plisthenem, quem pro suo educauerat,
ad Atreum interficiendum misit, quem Atreus credens 5
fratris filium esse imprudens filium suum occidit.

23 Thiesten F   **LXXXV,2** nothum *Barthius* natum F
4 Thiestes F   **LXXXVI,2** Thiestes F

LXXXVII   AEGISTHVS

Thyesti Pelopis et Hippodamiae filio responsum fuit
quem ex filia sua Pelopia procreasset, eum fratris fore ul-
torem; quod cum audisset⟨...⟩ puer est natus, quem Pelo-
5 pia exposuit, quem inuentum pastores caprae subdide-
runt ad nutriendum; Aegisthus est appellatus, ideo quod
Graece capra aega appellatur.

LXXXVIII   ATREVS

Atreus Pelopis et Hippodamiae filius cupiens a Thyeste
fratre suo iniurias exsequi, in gratiam cum eo rediit et in
regnum suum eum reduxit, filiosque eius infantes Tanta-
5 lum et Plisthenem occidit et epulis Thyesti apposuit. qui   2
cum uesceretur, Atreus imperauit bracchia et ora puero-
rum afferri; ob id scelus etiam Sol currum auertit. Thye-   3
stes scelere nefario cognito profugit ad regem Thesprotum, ubi lacus Auernus dicitur esse; inde Sicyonem
10 peruenit, ubi erat Pelopia filia Thyestis deposita; ibi casu
nocte cum Mineruae sacrificarent interuenit, qui timens
ne sacra contaminaret in luco delituit. Pelopia autem   4
cum choreas ducit lapsa, uestem ex cruore pecudis inqui-
nauit; quae dum ad flumen exit sanguinem abluere, tuni-
15 cam maculatam deponit. capite obducto Thyestes e luco

LXXXVII,2 Thiesti F   **4** *lac. stat. Mi* ⟨filiam compressit
et⟩ *suppl. Castiglioni*   **LXXXVIII,2** Thieste F *ut etiam infra*
4 Tantulum F   **9** ubi ... dicitur esse *del. Bursian*   **11** sacrificarent *Rose* -ret F   **13** duceret *Rose, negligentia, ut uid.*

prosiluit. et ea compressione gladium de uagina ei extra-
xit Pelopia et rediens in templum sub acropodio Mineruae abscondit. postero die rogat regem Thyestes ut se in
5 patriam Lydiam remitteret. interim sterilitas Mycenis frugum ac penuria oritur ob Atrei scelus. ibi responsum est 20
6 ut Thyestem in regnum reduceret. qui cum ad Thesprotum regem isset, aestimans Thyestem ibi morari, Pelopiam aspexit et rogat Thesprotum ut sibi Pelopiam in coniugium daret, quod putaret eam Thesproti esse filiam.
Thesprotus, ne qua suspicio esset, dat ei Pelopiam, quae 25
iam conceptum ex patre Thyeste habebat Aegisthum.
7 quae cum ad Atreum uenisset, parit Aegisthum, quem exposuit; at pastores caprae supposuerunt, quem Atreus ius-
8 sit perquiri et pro suo educari. interim Atreus mittit Agamemnonem et Menelaum filios ad quaerendum Thye- 30
sten, qui Delphos petierunt sciscitatum. casu Thyestes eo
uenerat ad sortes tollendas de ultione fratris; comprehen-
sus ab eis ad Atreum perducitur, quem Atreus in custodiam conici iussit, Aegisthumque uocat, aestimans suum
filium esse, et mittit eum ad Thyesten interficiendum. 35
9 Thyestes cum uidisset Aegisthum et gladium quem Aegisthus gerebat, et cognouisset quem in compressione per-
diderat, interrogat Aegisthum unde illum haberet. ille respondit matrem sibi Pelopiam dedisse, quam iubet accer-
10 siri. cui respondit se in compressione nocturna nescio cui 40
eduxisse et ex ea compressione Aegisthum concepisse.
tunc Pelopia gladium arripuit, simulans se agnoscere, et

16 *ante* et *nonnihil sententiae deesse putat Mi post* et ⟨eam
compressit⟩ *suppl. Mu*   19 Lidiam F   40 cui F quae
Bursian   42 eripuit *Rose, negligentia, ut uid.*

in pectus sibi detrusit. quem Aegisthus e pectore matris 11
cruentum tenens ad Atreum attulit. ille aestimans Thye-
45 sten interfectum laetabatur; quem Aegisthus in litore sacrificantem occidit et cum patre Thyeste in regnum auitum redit.

LXXXIX   LAOMEDON

Neptunus et Apollo dicuntur Troiam muro cinxisse; his
rex Laomedon uouit quod regno suo pecoris eo anno natum esset immolaturum. id uotum auaritia fefellit. alii di-
5 cunt aurum eum promisisse. ob eam rem Neptunus ce-   2
tum misit qui Troiam uexaret; ob quam causam rex ad
Apollinem misit consultum. Apollo iratus ita respondit, si
Troianorum uirgines ceto religatae fuissent, finem pestilentiae futuram. cum complures consumptae essent et He-   3
10 sionae sors exisset et petris religata esset, Hercules et Telamon, cum Colchos Argonautae irent, eodem uenerunt
et cetum interfecerunt, Hesionenque patri pactis legibus
reddunt, ut cum inde rediissent secum in patriam eam
abducerent, et equos qui super aquas et aristas ambula-
15 bant. quod et ipsum Laomedon fraudauit neque Hesio-   4
nen reddere uoluit; itaque Hercules ad eos nauibus com-
paratis ut Troiam expugnaret uenit et Laomedontem
necauit et Podarci filio eius infanti regnum dedit, qui
postea Priamus est appellatus ἀπὸ τοῦ πρίασθαι. Hesio-   5
20 nen reciperatam Telamoni concessit in coniugium, ex
qua natus est Teucer.

LXXXIX,5 aurum *Barthius* parum F   **9** Hesionae sors *Sr*
Hesione fors F   **18** Podarci *Mu* Padaci F

Hector Deiphobus Cebriones Polydorus Helenus Alexan-
2 der Hipposidus Antinous Agathon Dius Mestor Lyside
Polymena Ascanius Chirodamas Euagoras Dryops Asty- 5
3 nomus Polymetus Laodice Ethionome Phegea Henicea
Demnosia Cassandra Philomela Polites Troilus Palaemon
4 Brissonius Gorgythion Protodamas Aretus Dolon Chromius Eresus Chrysolaus Demosthea Doryclus Hippasus
Hypirochus Lysianassa Iliona Nereis Euander Proneus 10
6 Archemachus Hilagus Axion Biantes Hippotrochus Deiopites Medusa Hero Creusa.

XC,2 LV *Rose, sed hoc de loco sic scribit Mi*: *"In hoc capite, quia
omnia prope mirifice corrupta sunt, ipsum quidem intactum
reliquimus"*   3 Cebriones *Salmasius* (*cum Apollod. bibl. 3.12.5*)
Geriones F   **4** *et* Hipponous *et* Hippothous *habet Apollod.*
Hippothous Isus *Mu*   Antiphonus *Sr* Antiphus *Mu cum
Apollod.*   Dios (*sic*) Mestor *Bunte, duce Sr* Diastor F
Lycaste *Sr* Lysides *Rose*   **5** Polyxena *Sr* Polymedon *Stav*
Dryops *Bunte cum Apollod.* Drypon F   Astinomus F   **6** Po-
lymedon *Mu cum Apollod.* Polymelus *Rose*   Ethionome F
Deione *Sr* Deinome *Stav* Eetione *Bursian* Echemon *'fortasse'
Bunte ex Apollod.*   Hemithea *Bursian et St, qui etiam* Echenice
coni.   **7** Demonassa *Mu*   Polites *Salmasius, Sr* Polipes F
8 Erichthonius *Bursian, St*   Gorgythion *Mu ex Apollod.*
Gorgition F   Aretus *Bunte, cum Apollod.* (*duce Mu*) Areius *Mu*
Chromius Eresus *Stav* Chroeresus F   **9** Doryclus *Sr cum
Apollod.* Doricops F   Hippassus F   **10** Hypirichus (*sic*) *Sr
ex Apollod.* Hiperiscus F   Proneos *Rose*; *'forte'* Ilioneus *Mu*
11 Archemachus *Mu cum Apollod.* Aromachus F   Glaucus *ex
Apollod. Mu* Ilagus *Rose*   Hypirochus *uel* Hyperochus *ex Apollod. Bunte* Hippothous *Rose*   Deiopites *Mu* Diophites F

XCI ALEXANDER PARIS

Priamus Laomedontis filius cum complures liberos haberet ex concubitu Hecubae Cissei siue Dymantis filiae,
uxor eius praegnans in quiete uidit se facem ardentem
5 parere ex qua serpentes plurimos exisse. id uisum omni- 2
bus coniectoribus cum narratum esset, imperant quicquid
pareret necaret, ne id patriae exitio foret. postquam He- 3
cuba peperit Alexandrum, datur interficiendus, quem satellites misericordia exposuerunt; eum pastores pro suo
10 filio repertum expositum educarunt eumque Parim nominauerunt. is cum ad puberem aetatem peruenisset, habuit 4
taurum in deliciis; quo cum satellites missi a Priamo ut
taurum aliquis adduceret uenissent, qui in athlo funebri
quod ei fiebat poneretur, coeperunt Paridis taurum abdu-
15 cere. qui persecutus est eos et inquisiuit quo eum duce- 5
rent; illi indicant se eum ad Priamum adducere ⟨ei⟩, qui
uicisset ludis funebribus Alexandri. ille amore incensus
tauri sui descendit in certamen et omnia uicit, fratres
quoque suos superauit. indignans Deiphobus gladium ad 6
20 eum strinxit; at ille in aram Iouis Hercei insiluit; quod
cum Cassandra uaticinaretur eum fratrem esse, Priamus
eum agnouit regiaque recepit.

XCII PARIDIS IVDICIVM

Iouis cum Thetis Peleo nuberet ad epulum dicitur omnis
deos conuocasse excepta Eride, id est Discordia, quae
cum postea superuenisset nec admitteretur ad epulum, ab

XCI,3 filiae *Mu* filia F   16 *suppl. Barthius, Tollius* ⟨qui ei
daretur⟩ *Rose*   20 Hercaei F

ianua misit in medium malum, dicit quae esset formo- 5
2 sissima attolleret. Iuno Venus Minerua formam sibi uin-
dicare coeperunt, inter quas magna discordia orta, Iouis
imperat Mercurio ut deducat eas in Ida monte ad Alexan-
3 drum Paridem eumque iubeat iudicare. cui Iuno, si secundum se iudicasset, pollicita est in omnibus terris eum 10
regnaturum, diuitem praeter ceteros praestaturum; Minerua, si inde uictrix discederet, fortissimum inter mortales
futurum et omni artificio scium; Venus autem Helenam
Tyndarei filiam formosissimam omnium mulierum se in
4 coniugium dare promisit. Paris donum posterius priori- 15
bus anteposuit, Veneremque pulcherrimam esse iudicauit; ob id Iuno et Minerua Troianis fuerunt infestae.
5 Alexander Veneris impulsu Helenam a Lacedaemone ab
hospite Menelao Troiam abduxit eamque in coniugio habuit cum ancillis duabus Aethra et Thisadie, quas Castor 20
et Pollux captiuas ei assignarant, aliquando reginas.

XCIII   CASSANDRA

Cassandra Priami et Hecubae filia in Apollinis fano lu-
dendo lassa obdormisse dicitur; quam Apollo cum uellet
comprimere, corporis copiam non fecit. ob quam rem
Apollo fecit ut cum uera uaticinaretur, fidem non habe- 5
ret.

XCII,6 uendicare F   **12** fortissimum *Mu* formosissimum
F famosissimum *Barthius*   **20** Phisiadem *appellat fab. 79.4*

XCIV ANCHISA

Venus Anchisam Assaraci filium amasse et cum eo concubuisse dicitur, ex quo procreauit Aeneam eique praecepit ne id apud homines enuntiaret. quod Anchises inter
5 sodales per uinum est elocutus. ob id a Ioue fulmine est
ictus. quidam dicunt eum sua morte obisse.

XCV VLIXES

Agememnon et Menelaus Atrei filii cum ad Troiam op-
pugnandam coniuratos duces ducerent, in insulam Ithacam ad Vlyxem Laertis filium uenerunt, cui erat respon-
5 sum, si ad Troiam isset, post uicesimum annum solum
sociis perditis egentem domum rediturum. itaque cum   2
sciret ad se oratores uenturos, insaniam simulans pileum
sumpsit et equum cum boue iunxit ad aratrum. quem Palamedes ut uidit, sensit simulare atque Telemachum fi-
10 lium eius cunis sublatum aratro ei subiecit et ait "Simulatione deposita inter coniuratos ueni." tunc Vlixes fidem
dedit se uenturum; ex eo Palamedi infestus fuit.

XCVI ACHILLES

Thetis Nereis cum sciret Achillem filium suum quem ex
Peleo habebat, si ad Troiam expugnandam isset, periturum, commendauit eum in insulam Scyron ad Lycome-

dem regem, quem ille inter uirgines filias habitu femineo 5
seruabat nomine mutato; nam uirgines Pyrrham nominarunt, quoniam capillis flauis fuit et Graece rufum pyrrhon
2 dicitur. Achiui autem cum rescissent ibi eum occultari,
ad regem Lycomedem oratores miserunt qui rogarent ut
eum adiutorium Danais mitteret. rex cum negaret apud 10
3 se esse, potestatem eis fecit ut in regia quaererent. qui
cum intellegere non possent quis esset eorum, Vlixes in
regio uestibulo munera feminea posuit, in quibus clipeum
et hastam, et subito tubicinem iussit canere armorumque
4 crepitum et clamorem fieri iussit. Achilles hostem arbi- 15
trans adesse uestem muliebrem dilaniauit atque clipeum
et hastam arripuit. ex hoc est cognitus suasque operas Argiuis promisit et milites Myrmidones.

XCVII   QVI AD TROIAM EXPVGNATVM
IERVNT ET QVOT NAVES

Agamemnon Atrei et Aeropes filius Mycenis, nauibus
centum. Menelaus frater eius Mycenis, nauibus LX.
2 Phoenix Amyntoris filius Argiuus, nauibus L. Achilles 5
Pelei et Thetidis filius insula Scyro, nauibus LX. Auto-
medon auriga Achillis Scyro, nauibus X. Patroclus Me-
3 noetii et Philomelae filius Phthia, nauibus X. Aiax Telamonis ex Eriboea filius Salamine, nauibus XII. Teucer
frater ex Hesiona Laomedontis filia, nauibus XII. Vlysses 10
Laertae et Anticliae filius Ithaca, nauibus XII. Diomedes

5 foemineo (*sic*) F *non* feminino   7 πυρρὸν *Graecis litteris*
Bunte   14 tubicinem *Mu* -nam F   **XCVII,8** Philomelae
Mu Pilomellae F   10 Vlysses F *non* Vlixes

Tydei et Deipylae Adrasti filiae filius Argis, nauibus
XXX. Sthenelus Capanei et Euadnes filius Argis, nauibus
XXV. Aiax Oilei et Rhenes nymphae filius Locrus, naui- 5
15 bus XX. Nestor Nelei et Chloridis ⟨Amphionis⟩ filiae filius Pylius, nauibus XC. Thrasymedes frater ex Eurydice
Pylius, nauibus XV. Antilochus Nestoris filius Pylius,
nauibus XX. Eurypylus Euaemonis et Opis filius Orcho- 6
meno, nauibus XL. Machaon Asclepii et Coronidis filius
20 a Tricca, nauibus XX. Podalirius frater eius, nauibus IX.
Tlepolemus Herculis et Astyoches filius Mycenis, naui- 7
bus IX. Idomeneus Deucalionis filius a Creta, nauibus
XL. Meriones Moli et Melphidis filius a Creta, nauibus
XL. Eumelus Admeti et Alcestis Peliae filiae filius a Perr- 8
25 haebia, nauibus VIII. Philocteta Poeantis et Demonassae
filius Meliboea, nauibus VII. Peneleus Hippalci et Asteropes filius Boeotia, nauibus XII. Leitus Lacreti et Cleo- 9
bules filius ex Boeotia, nauibus XII. Clonius frater eius
ex Boeotia, nauibus IX. Arcesilaus Areilyci et Theobulae
30 filius ex Boeotia, nauibus X. Prothoenor frater ⟨eius⟩ ex
Thespia, nauibus VIII. Ialmenus Lyci et Pernidis filius 10
Argis, nauibus XXX. Ascalaphus frater eius Argis, nauibus XXX. Schedius Iphiti et Hippolytes filius Argis, nauibus XXX. Epistrophus frater eius itidem, nauibus X. Ele-

12 Deipylae *Mu* Deiphilae F   **15** *suppl. Mu*   **16** Thrasimedes F   Euridice F   **18** Euripylus F   Euaemonis *Mu*
-nius F   Ormenio *Mu, sed u. Dict. Cret. 1.13 et 1.17, ubi Orchomenius in codd. uocatur*   **20** a Trica (*sic*) *Mu cum Salmasio*
Attica F   Podalyrius F   **23** *de* Melphide *nihil notum est*
24 Perrhaebia *Mu* Parrhebia F   **27** Leitus *Mi* Pithus F
Lacriti *Rose alii alia*   **28** Clonius *Mi* Chronius   F
29 Areilyci *Sr* Lyci F   **30** *suppl. Stav*   **31** Thespia *Mi*
Hastipiae F   Perdicis *Bursian*

phenor Calchodontis et Imenaretes filius Argis, nauibus 35
11 XXX. Menestheus † oeae filius Athenis, nauibus L. Agapenor Ancaei et † Iotis filius Arcadia, nauibus LX. Amphimachus Cteati filius Elea, nauibus X. Eurytus Pallantis
et Diomedae filius Argis, nauibus XV. Amarynceus One-
simachi filius Mycenis, nauibus XIX. Polyxenus Agasthe- 40
12 nis et Peloridis filius Aetolia, nauibus XL. Meges Phylei
et Eustyoches filius a Dulichio, nauibus LX. Thoas An-
draemonis et Gorgidis filius Tyto nauibus XV ⟨...⟩ Po-
13 darces frater eius itidem, nauibus X. Prothous Tenthredo-
nis filius Magnesia, nauibus XL. Cycnus Ociti et 45
Aurophites filius Argis, nauibus XII. Nireus Charopi et
14 ⟨Aglaies⟩ nymphae filius Argis, nauibus XVI. Antiphus
Thessali et Chalciopes filius Nisyro, nauibus XX. Polypoetes Pirithoi et Hippodamiae filius Argis, nauibus XX.
15 Leonteus Coroni filius a Sicyone, nauibus XIX. Calchas 50
Thestoris filius Mycenis augur. Phocus Danai filius archi-

---

35 Clinaretes *Bursian*   36 deuerbis Menestheus oeae *desperan-*
dum est; nihil nisi Menoeae *habet* F, *ex quo* Menestheus *in lucem*
eruit Mi   Agepenor F   37 quid lateat sub uerbo Iotis *ignotum*
est   38 Eurytus *Bursian, Combellack* Eurychus F Euryalus *Sr*
39 Amarunceus F   40 Polyxenus Agasthenis *Mi* Polysenes
Astionis F   41 Peloridis *Bursian* -des F   42 Astyoches *Bursian*
43 *quid subsit nomini* Tyto *incertum est* Ithone *Mi*   *lac. stat. edi-*
tores plerique ⟨Protesilaus Iphicli filius Itone, nauibus XX⟩ *uel*
sim. excidisse putat Mu   45 Ocimi et Acrophiles *Bursian*
47 *ex Hom. Il. 2.672 suppl. Mi (qui typothetae errore, ut uid.,* Agla-
res *legit in mg.)*   48 Thessali *Mi* Mnesyli F   Nisyro *Mi*
Thessalus F   Polypoetes *Sr*   Polyboetes F   49 Hyppo-
damiae F   50 Leontius Coroni *Mi* Leophites Chroni F
Sicione F

tectus. Eurybates et Talthybius internuntii. Diaphorus iu-
dex. Neoptolemus Achillis et Deidamiae filius ab insula
Scyro; hic idem Pyrrhus est uocitatus a patre Pyrrha.
55 summa naues CCXLV.

XCVIII   IPHIGENIA

Agamemnon cum Menelao fratre et Achaiae delectis ducibus Helenam uxorem Menelai quam Alexander Paris
auexerat repetitum ad Troiam cum irent, in Aulide tem-
5 pestas eos ira Dianae retinebat, quod Agamemnon in uenando ceruam eius uiolauit superbiusque in Dianam est
locutus. is cum haruspices conuocasset et Calchas se re-   2
spondisset aliter expiare non posse nisi Iphigeniam filiam
Agamemnonis immolasset, re audita Agamemnon recu-
10 sare coepit. tunc Vlysses eum consiliis ad rem pulchram   3
transtulit; idem Vlysses cum Diomede ad Iphigeniam
missus est adducendam, qui cum ad Clytaemnestram matrem eius uenissent, ementitur Vlysses eam Achilli in coniugium dari. quam cum in Aulidem adduxisset et parens   4
15 eam immolare uellet, Diana uirginem miserata est et caliginem eis obiecit ceruamque pro ea supposuit, Iphigeni-
amque per nubes in terram Tauricam detulit ibique tem-
pli sui sacerdotem fecit.

55 *de summa manifeste corrupta nihil certum est*
XCVIII,2 et Achaiae *uel* Achaiae *La Penna* Asiae F aliisque
Mi   **4** irent F *non* uenirent   **7** auruspices F   **8** expiare
Barthius expiari F, *quo retento* se *in* ei *mutat Sr*   **13** uenissent
F *non* uenisset

XCIX   AVGE

Auge Alei filia ab Hercule compressa cum partus adesset,
in monte Parthenio peperit et ibi eum exposuit. eodem
tempore Atalante Iasii filia filium exposuit ex Meleagro
2 natum. Herculis autem filium cerua nutriebat. hos pasto- 5
res inuentos sustulerunt atque nutrierunt, quibus nomina
imposuerunt Herculis filio Telephum, quoniam cerua nutrierat, Atalantes autem Parthenopaeum, quoniam uirginem simulans se in monte Parthenio eum exposuerat.
3 ipsa autem Auge patrem suum timens profugit in Moe- 10
siam ad regem Teuthrantem, qui cum esset orbus liberis
hanc pro filia habuit.

C   TEVTHRAS

Teuthrantem regem in Moesia Idas Apharei filius regno
priuare uoluit; quo cum Telephus Herculis filius ex responso quaerens matrem cum comite Parthenopaeo uenisset, huic Teuthras regnum et filiam Augen in coniu- 5
2 gium daturum promisit si se ab hoste tutasset. Telephus
condicionem regis non praetermisit, cum Parthenopaeo
Idam uno proelio superauit; cui rex pollicitam fidem
praestitit, regnumque et Augen matrem inscientem in coniugium dedit; quae cum mortalem neminem uellet 10
suum corpus uiolare, Telephum interficere uoluit inscia
3 filium suum. itaque cum in thalamum uenissent, Auge
ensem sumpsit ut Telephum interficeret. tum deorum

XCIX,3 *pro* ibi eum *scribendum* filium *censet Bursian*
8 uirginem simulans se *Sr* uirgine simulante F *del. Rose*
C,2 Theutrantem F   **5** Theutras F   **6** tutatus esset *Mi*

uoluntate dicitur draco immani magnitudine inter eos
15 exisse, quo uiso Auge ensem proiecit et Telepho incep-
tum patefecit. Telephus re audita inscius matrem interfi-   4
cere uoluit; illa Herculem uiolatorem suum implorauit et
ex eo Telephus matrem agnouit et in patriam suam reduxit.

CI   TELEPHVS

Telephus Herculis et Auges filius ab Achille in pugna
Chironis hasta percussus dicitur. ex quo uulnere cum in
dies taetro cruciatu angeretur, petit sortem ab Apolline,
5 quod esset remedium; responsum est ei neminem mederi
posse nisi eandem hastam qua uulneratus est. hoc Tele-   2
phus ut audiuit, ad regem Agamemnonem uenit et monitu Clytaemnestrae Orestem infantem de cunabulis rapuit, minitans se eum occisurum nisi sibi Achiui
10 mederentur. Achiuis autem, quod responsum erat sine   3
Telephi ductu Troiam capi non posse, facile cum eo in
gratiam redierunt et ab Achille petierunt ut eum sanaret.
quibus Achilles respondit se artem medicam non nosse.
tunc Vlysses ait "Non te dicit Apollo sed auctorem uulne-   4
15 ris hastam nominat." quam cum rasissent, remediatus est.
a quo cum peterent ut secum ad Troiam expugnandam   5
iret, non impetrarunt, quod is Laodicen Priami filiam
uxorem haberet; sed ob beneficium quod eum sanarunt,
eos deduxit, locos autem et itinera demonstrauit; inde in
20 Moesiam est profectus.

CI,18 quod eum ... demonstrauit *del. Bursian*

CII   PHILOCTETES

Philoctetes Poeantis et Demonassae filius cum in insula
Lemno esset, coluber eius pedem percussit, quem serpentem Iuno miserat, irata ei ob id quia solus praeter ceteros
ausus fuit Herculis pyram construere, cum humanum cor- 5
2 pus est exutus et ad immortalitatem traditus. ob id beneficium Hercules suas sagittas diuinas ei donauit. sed cum
Achiui ex uulnere taetrum odorem ferre non possent,
iussu Agamemnonis regis in Lemno expositus est cum sagittis diuinis; quem expositum pastor regis Actoris no- 10
3 mine Iphimachus Dolopionis filius nutriuit. quibus postea responsum est sine Herculis sagittis Troiam capi non
posse. tunc Agamemnon Vlyssem et Diomedem explora-
tores ad eum misit; cui persuaserunt ut in gratiam rediret
et ad expugnandam Troiam auxilio esset, eumque secum 15
sustulerunt.

CIII   PROTESILAVS

Achiuis fuit responsum, qui primus litora Troianorum attigisset periturum. cum Achiui classes applicuissent, cete-
ris cunctantibus Iolaus Iphicli et Diomedeae filius primus e naui prosiliuit, qui ab Hectore confestim est 5
interfectus; quem cuncti appellarunt Protesilaum, quo-
2 niam primus ex omnibus perierat. quod uxor Laodamia

CII,6 exutus *Heinsius* exutum F exustum *Comm*   traditus
Rose traditum F   **11** Iphimachus *Meineke* Phimachus F
Dolophionis F   **CIII,5** prosiliuit F *non* prosiluit

Acasti filia cum audisset eum perisse, flens petit a diis ut
sibi cum eo tres horas colloqui liceret. quo impetrato a
10 Mercurio reductus tres horas cum eo collocuta est; quod
iterum cum obisset Protesilaus, dolorem pati non potuit
Laodamia.

CIV   LAODAMIA

Laodamia Acasti filia amisso coniuge cum tres horas con-
sumpsisset quas a diis petierat, fletum et dolorem pati
non potuit. itaque fecit simulacrum aereum simile Prote-
5 silai coniugis et in thalamis posuit sub simulatione sacrorum, et eum colere coepit. quod cum famulus matutino   2
tempore poma ei attulisset ad sacrificium, per rimam
aspexit uiditque eam ab amplexu Protesilai simulacrum
tenentem atque osculantem; aestimans eam adulterum
10 habere Acasto patri nuntiauit. qui cum uenisset et in tha-   3
lamos irrupisset, uidit effigiem Protesilai; quae ne diutius
torqueretur, iussit signum et sacra pyra facta comburi,
quo se Laodamia dolorem non sustinens immisit atque
usta est.

CV   PALAMEDES

Vlysses quod Palamedis Nauplii dolo erat deceptus, in
dies machinabatur quomodo eum interficeret. tandem
inito consilio ad Agamemnonem militem suum misit qui
5 diceret ei in quiete uidisse ut castra uno die mouerentur.

---

10 quod F quare *Mi, sed nihil mutandum demonstrat Mu*

2 id Agamemnon uerum existimans castra uno die imperat
moueri; Vlysses autem clam noctu solus magnum pondus
auri, ubi tabernaculum Palamedis fuerat, obruit, item epistulam conscriptam Phrygi captiuo ad Priamum dat perfe-
rendam, militemque suum priorem mittit qui eum non 10
3 longe a castris interficeret. postero die cum exercitus in
castra rediret, quidam miles epistulam quam Vlysses
scripserat super cadauer Phrygis positam ad Agamemnonem attulit, in qua scriptum fuit "Palamedi a Priamo
missa"; tantumque ei auri pollicetur quantum Vlysses in 15
tabernaculum obruerat, si castra Agamemnonis ut ei co-
nuenerat proderet. itaque Palamedes cum ad regem esset
productus et factum negaret, in tabernaculum eius ierunt
et aurum effoderunt, quod Agamemnon ut uidit, uere factum esse credidit. quo facto Palamedes dolo Vlyssis de- 20
ceptus ab exercitu uniuerso innocens occisus est.

CVI   HECTORIS LYTRA

Agamemnon Briseidam Brisae sacerdotis filiam ex Moesia captiuam propter formae dignitatem, quam Achilles
ceperat, ab Achille abduxit eo tempore quo Chryseida
Chrysi sacerdoti Apollinis Zminthei reddidit; quam ob 5
iram Achilles in proelium non prodibat sed cithara in ta-
2 bernaculo se exercebat. quod cum Argiui ab Hectore fuga-
rentur, Achilles obiurgatus a Patroclo arma sua ei tradidit,
quibus ille Troianos fugauit, aestimantes Achillem esse,
Sarpedonemque Iouis et Europae filium occidit. postea 10

CVI,5 Zminthei *Stav* Zminti F Smynthei *Mi* Zminthii *Mu*

ipse Patroclus ab Hectore interficitur, armaque eius sunt
detracta Patroclo occiso. Achilles cum Agamemnone re- 3
dit in gratiam, Briseidamque ei reddidit. tum contra Hectorem cum inermis prodisset, Thetis mater a Vulcano
15 arma ei impetrauit, quae Nereides per mare attulerunt.
quibus armis ille Hectorem occidit astrictumque ad cur- 4
rum traxit circa muros Troianorum, quem sepeliendum
cum patri nollet dare, Priamus Iouis iussu duce Mercurio
in castra Danaorum uenit et filii corpus auro repensum
20 accepit, quem sepulturae tradidit.

CVII   ARMORVM IVDICIVM

Hectore sepulto cum Achilles circa moenia Troianorum
uagaretur ac diceret se solum Troiam expugnasse, Apollo
iratus Alexandrum Parin se simulans talum, quem morta-
5 lem habuisse dicitur, sagitta percussit et occidit. Achille 2
occiso ac sepulturae tradito Aiax Telamonius quod frater
patruelis eius fuit postulauit a Danais ut arma sibi Achillis darent; quae ⟨ei⟩ ira Mineruae abiurgata sunt ab Agamemnone et Menelao, et Vlyssi data. Aiax furia accepta 3
10 per insaniam pecora sua et se ipsum uulneratum occidit
eo gladio quem ab Hectore muneri accepit, dum cum eo
in acie contendit.

CVIII   EQVVS TROIANVS

Achiui cum per decem annos Troiam capere non possent,
Epeus monitu Mineruae equum mirae magnitudinis lig-
neum fecit, eoque sunt collecti Menelaus Vlysses Diomedes

CVII,8 *suppl. Sr*   CVIII,4 collocati *Bursian*

Thessander Sthenelus Acamas Thoas Machaon Neoptole- 5
mus; et in equo scripserunt DANAI MINERVAE DONO
2 DANT, castraque transtulerunt Tenedo. id Troiani cum
uiderunt arbitrati sunt hostes abisse; Priamus equum in
arcem Mineruae duci imperauit, feriatique magno opere
ut essent edixit; id uates Cassandra cum uociferaretur 10
3 inesse hostes, fides ei habita non est. quem in arcem cum
statuissent et ipsi noctu lusu atque uino lassi obdormis-
sent, Achiui ex equo aperto a Sinone exierunt et portarum
custodes occiderunt, sociosque signo dato receperunt et
Troia sunt potiti.   15

Priamo Polydorus filius ex Hecuba cum esset natus, Ilio-
nae filiae suae dederunt eum educandum, quae Polymne-
stori regi Thracum erat nupta, quem illa pro filio suo educauit; Deipylum autem quem ex Polymnestore procreaue- 5
rat, pro suo fratre educauit, ut si alteri eorum quid foret,
2 parentibus praestaret. sed cum Achiui Troia capta prolem
Priami exstirpare uellent, Astyanacta Hectoris et Andro-
machae filium de muro deiecerunt et ad Polymnestorem
legatos miserunt, qui ei Agamemnonis filiam nomine 10
Electram pollicerentur in coniugium et auri magnam co-
3 piam, si Polydorum Priami filium interfecisset. Polymne-
stor legatorum dicta non repudiauit, Deipylumque filium
suum imprudens occidit, arbitrans se Polydorum filium
4 Priami interfecisse. Polydorus autem ad oraculum Apolli- 15

    7 Tenedum   *Mi*   Tenedon   *Bursian*   **10**   id   *del.*   *Sr*
CIX,5 Deiphylum F   13 Deiphylumque F

nis de parentibus suis sciscitatum est profectus, cui responsum est patriam incensam, patrem occisum, matrem
in seruitute teneri. cum inde rediret et uidit aliter esse ac   5
sibi responsum fuit ⟨ratus⟩ se Polymnestoris esse filium,
20 ab sorore Ilionea inquisiuit quid ita aliter sortes dixissent;
cui soror quid ueri esset patefecit, et eius consilio Polymnestorem luminibus priuauit atque interfecit.

CX   POLYXENA

Danai uictores cum ab Ilio classem conscenderent et uellent in patriam suam quisque reuerti et praedam quisque
sibi duceret, ex sepulcro uox Achillis dicitur praedae par-
5 tem expostulasse. itaque Danai Polyxenam Priami filiam,
quae uirgo fuit formosissima, propter quam Achilles cum
eam peteret et ad colloquim uenisset ab Alexandro et
Deiphobo est occisus, ad sepulcrum eius eam immolaue-
runt.

CXI   HECVBA

Vlysses Hecubam Cissei filiam, uel ut alii auctores dicunt
Dymantis, Priami uxorem, Hectoris matrem, in seruitutem cum duceret, illa in Hellespontum mare se praecipi-
5 tauit et canis dicitur facta esse, unde et Cyneum est appellatum.

---

18 ut uidit *Perizonius* et uidisset *Bunte*   **19** *suppl. Perizonius* ⟨aestimans⟩ *Bunte*   **CXI,3** Dimantis F   **5** Cynos-
sema *Mi*

CXII   PROVOCANTES INTER SE
QVI CVM QVO DIMICARVNT

Menelaus cum Alexandro, Alexandrum Venus eripuit.
Diomedes cum Aenea, Aeneam seruauit Venus. idem
cum Glauco, inde hospitio cognito discesserunt. idem 5
cum Pandaro et Glauco alio, Pandarus et Glaucus occi-
2 duntur. Aiax cum Hectore, donificantes discessere; Aiax
Hectori donauit balteum, unde est tractus, Hector Aiaci
gladium, unde se interfecit. Patroclus cum Sarpedone,
3 Sarpedon occiditur. Menelaus cum Euphorbo, Euphorbus 10
occiditur, qui postea Pythagoras est factus et meminit
suam animam in corpora transisse. Achilles cum Astero-
4 paeo, Asteropaeus occiditur. idem cum Hectore, Hector
occiditur. idem cum Aenea, Aeneas fugatur. idem cum
Agenore, Agenorem seruauit Apollo. idem cum Penthesi- 15
lea Amazone Martis et Otrerae filia, Penthesilea occiditur. Antilochus cum Memnone, Antilochus occiditur.
Achilles cum Memnone, Memnon occiditur. Philoctetes
cum Alexandro, Alexander occiditur. Neoptolemus cum
Eurypylo, Eurypylus occiditur.   20

CXIII   NOBILEM QVEM QVIS OCCIDIT

Achillem Apollo Alexandri figura. Hector Protesilaum,
idem Antilochum. Agenor Elephenorem, idem Clonium.
2 Deiphobus Ascalaphum, idem Autonoum. Aiax Hippoda-

CXII,5 inde *scripsi* in F hi *Bursian, qui fortasse delendum*
putat   **20** Eurypilo F, *ut   etiam   in   uerbo   sequenti*
CXIII,3 Elephenorem *Bunte* Helenorem F   Chlonium F
4 Autonoum *Mu* Antonoum F

5 mum, idem Chromium. Agamemnon Iphidamantem,
idem Glaucum. Aiax Locrus Gargasum, idem † Gauium.
Diomedes Dolonem, idem Rhesum. Eurypylus Nireum,
idem Machaonem. Sarpedon Tlepolemum, idem Antiphum. Achilles Troilum. Menelaus Deiphobum. Achilles
10 Astynomum, idem Pylaemenem. Neoptolemus Priamum.

CXIV   ACHIVI QVI QVOT OCCIDERVNT

Achilles numero LXXII; Antilochus numero II; Protesilaus numero IV; Peneleus numero II; Eurypylus numero
I; Aiax Oilei numero XXIV; Thoas numero II; Leitus nu-
5 mero XX; Thrasymedes numero II; Agamemnon numero
XVI; Diomedes numero XVIII; Menelaus ⟨numero⟩
VIII; Philocteta numero III; Meriones numero VII; Vlysses numero XII; Idomeneus numero XIII; Leonteus nu-
mero V; Aiax Telamonius numero XXVIII; Patroclus nu-
10 mero LIII; Polypoetes numero I; Teucer numero XXX;
Neoptolemus ⟨numero⟩ VI; fit numerus CCCLXII.

5 Chromium *Stav*   Chlonium F   Iphidamantem *Sr*
Hippodamantem F   **6** Gargasum *Sr*   Carcanum F
Gargarum *Bursian*   Gauium *manifeste corruptum*; *fortasse e*
Glaucum *ortum*?   **7** Euripylus F   **8** Antiphum *Mu*
Antippum F   **10** Pylaemenem *Stav*   Pylachantum F
CXIV,3 Euripylus F   **4** xxiiii *habet* F *non* xiiii   Leitus *Sr*
Linus F   **5** Thrasimedes F   **6** *suppl. Rose*   **8** Leontheus
F   **10** liii F *non* liiii   **11** *suppl. Rose*   *numerum non con-
stare quis non uidet?*

CXV TROIANI QVI QVOT OCCIDERVNT

Hector numero XXXI, Alexander numero III, Sarpe-
don numero II, Panthous numero IV, Gargasus numero
II, Glaucus numero IV, Polydamas numero III, Aeneas
numero XXVIII, Deiphobus numero IV, Clytus numero 5
III, Acamas numero I, Agenor numero II; fit numerus
LXXXVIII.

CXVI NAVPLIVS

Ilio capto et diuisa praeda Danai cum domum redirent,
ira deorum quod fana spoliauerant et quod Cassandram
Aiax Locrus a signo Palladio abripuerat, tempestate et fla-
2 tibus aduersis ad saxa Capharea naufragium fecerunt. in 5
qua tempestate Aiax Locrus fulmine est a Minerua ictus,
quem fluctus ad saxa illiserunt, unde Aiacis petrae sunt
dictae; ceteri noctu cum fidem deorum implorarent, Nauplius audiuit sensitque tempus uenisse ad persequendas
3 filii sui Palamedis iniurias. itaque tamquam auxilium eis 10
afferret, facem ardentem eo loco extulit quo saxa acuta et
locus periculosissimus erat; illi credentes humanitatis
causa id factum naues eo duxerunt, quo facto plurimae
earum confractae sunt militesque plurimi cum ducibus
tempestate occisi sunt membraque eorum cum uisceribus 15
ad saxa illisa sunt; si qui autem potuerunt ad terram na-
4 tare, a Nauplio interficiebantur. at Vlixem uentus detulit
ad Maronem, Menelaum in Aegyptum, Agamemnon cum
Cassandra in patriam peruenit.

CXV,6 Acamas *Mu* Athamas F   **7** *ecce iterum summa falsa*
CXVI,14 earum *Bunte*   eorum F   **18** Maronem *Sr*
Marathonem F

CXVII   CLYTAEMNESTRA

Clytaemnestra Tyndarei filia Agamemnonis uxor cum audisset ab Oeace Palamedis fratre Cassandram sibi pellicem adduci, quod ementitus est ut fratris iniurias exse-
5 queretur, tunc Clytaemnestra cum Aegistho filio Thyestis
cepit consilium ut Agamemnonem et Cassandram interficeret, quem sacrificantem securi cum Cassandra interfecerunt. at Electra Agamemnonis filia Orestem fratrem in-   2
fantem sustulit, quem demandauit in Phocide Strophio,
10 cui fuit Astyochea Agamemnonis soror nupta.

CXVIII   PROTEVS

In Aegypto Proteus senex marinus diuinus dicitur fuisse,
qui in omnes se figuras conuertere solitus erat; quem Menelaus Idotheae filiae eius monitu catena alligauit ut sibi
5 diceret quando domum repetitionem haberet. quem Pro-   2
teus edocuit iram deorum esse quod Troia esset deuicta,
ideoque id fieri debere quod hecatombe Graece dicitur,
cum centum armenta occiduntur. itaque Menelaus hecatomben fecit. tunc demum post octauum annum quam
10 ab Ilio decesserat cum Helena in patriam redit.

CXVII,1 Clytemnestra *hic et in sequentibus* F   **3** pellicem
F   *non*   paelicem   **5** Aegystho   F   Thiestis   F
CXVIII,7 hecatombe *Mu* hecatomben F *Graecis scribere litteris*
mauult Bunte

CXIX   ORESTES

Orestes Agamemnonis et Clytaemnestrae filius postquam
in puberem aetatem uenit, studebat patris sui mortem exsequi; itaque consilium capit cum Pylade et Mycenas uenit ad matrem Clytaemnestram, dicitque se Aeolium ho- 5
spitem esse nuntiatque Orestem esse mortuum, quem
2 Aegisthus populo necandum demandauerat. nec multo
post Pylades Strophii filius ad Clytaemnestram uenit ur-
namque secum affert, dicitque ossa Orestis condita esse;
3 quos Aegisthus laetabundus hospitio recepit. qui occa- 10
sione capta Orestes cum Pylade noctu Clytaemnestram
matrem et Aegisthum interficiunt. quem Tyndareus cum
accusaret, Oresti a Mycenensibus fuga data est propter
patrem; quem postea furiae matris exagitarunt.

CXX   IPHIGENIA TAVRICA

Orestem furiae cum exagitarent, Delphos sciscitatum est
profectus quis tandem modus esset aerumnarum. responsum est ut in terram Taurinam ad regem Thoantem patrem Hypsipyles iret indeque de templo Dianae signum 5
2 Argos afferret; tunc finem fore malorum. sorte audita
cum Pylade Strophii filio sodale suo nauem conscendit
celeriterque ad Tauricos fines deuenerunt, quorum fuit
institutum ut qui intra fines eorum hospes uenisset tem-

CXIX,4 capit F *non* cepit　　5 Aetolium *Bursian*　　7 populo F　　Strophio *Bursian*　　**10** Aegysthus　*hic*　F
CXX,4 Tauricam *Sr*　　7 Pylade *Mu* Pylades F Pisade *errore,*
ut uid., Mi

10 plo Dianae immolaretur. ubi Orestes et Pylades cum in   3
   spelunca se tutarentur et occasionem captarent, a pastoribus deprehensi ad regem Thoantem sunt deducti. quos
   Thoas suo more uinctos in templum Dianae ut immolarentur duci iussit, ubi Iphigenia Orestis soror fuit sacer-
15 dos; eosque ex signis atque argumentis qui essent, quid
   uenissent, postquam resciit, abiectis ministeriis ipsa coepit signum Dianae auellere. quo rex cum interuenisset et   4
   rogitaret cur id faceret, illa ementita est dicitque eos sce-
   leratos signum contaminasse; quod impii et scelerati ho-
20 mines in templum essent adducti, signum expiandum ad
   mare ferre oportere, et iubere eum interdicere ciuibus ne
   quis eorum extra urbem exiret. rex sacerdoti dicto au-   5
   diens fuit; occasione Iphigenia nacta, signo sublato cum
   fratre Oreste et Pylade in nauem ascendit uentoque se-
25 cundo ad insulam Zminthen ad Chrysen sacerdotem
   Apollinis delati sunt.

                    CXXI   CHRYSES

   Agamemnon cum ad Troiam iret, Achilles in Moesiam
   uenit et Chryseidam Apollinis sacerdotis filiam adduxit
   eamque Agamemnoni dedit in coniugium; quod cum
 5 Chryses ad Agamemnonem deprecandum uenisset ut sibi
   filiam suam redderet, non impetrauit. ob id Apollo exer-   2
   citum eius partim fame ⟨partim peste⟩ prope totum con-

       13 uinctos *Mu* iunctos F   **21** ferri '*olim*' *Mu*   **23** occa-
   sione F *non* occasionem   **25** Zminten F   **CXXI,2** iret *Sr*
   iret et F   **7** *suppl. Mi*

MAGDALEN COLLEGE LIBRARY

sumpsit, itaque Agamemnon Chryseida grauidam sacerdoti remisit, quae cum diceret se ab eo intactam esse, suo
tempore peperit Chrysen iuniorem et dixit se ab Apolline 10
3 concepisse. postea, Chryses Thoanti eos cum reddere uellet, Chryses audiit senior Agamemnonis Iphigeniam et
Orestem filios esse; † qui Chrysi filio suo quid ueri esset
patefecit, eos fratres esse et Chrysen Agamemnonis filium
esse. tum Chryses re cognita cum Oreste fratre Thoantem 15
interfecit et inde Mycenas cum signo Dianae incolumes
peruenerunt.

CXXII   ALETES

Ad Electram, Agamemnonis et Clytaemnestrae filiam, sororem Orestis, nuntius falsus uenit fratrem cum Pylade in
Tauricis Dianae esse immolatos. id Aletes Aegisthi filius
cum rescisset, ex Atridarum genere neminem superesse, 5
2 regnum Mycenis obtinere coepit. at Electra de fratris
nece Delphos sciscitatum est profecta; quo cum uenisset,
eodem die Iphigenia cum Oreste uenit eo. idem nuntius
qui de Oreste dixerat, dixit Iphigeniam fratris interfectri-
3 cem esse. Electra ubi audiuit id, truncum ardentem ex 10
ara sustulit uoluitque inscia sorori Iphigeniae oculos
eruere, nisi Orestes interuenisset. cognitione itaque facta,
Mycenas uenerunt et Aleten Aegisthi filium Orestes interfecit et Erigonam ex Clytaemnestra et Aegistho natam
uoluit interficere, sed Diana eam rapuit et in terram Atti- 15

---

12 Chryseis ⟨ut⟩ audit *tum* senior *et* qui *del. St*   **13** qui *su-
spectum habet Sr defendit Mu* quae *Grilli*

cam sacerdotem fecit. Orestes autem Neoptolemo inter- 4
fecto Hermionen Menelai et Helenae filiam adductam
coniugem duxit; Pylades autem Electram Agamemnonis
et Clytaemnestrae filiam duxit.

CXXIII   NEOPTOLEMVS

Neoptolemus Achillis et Deidamiae filius ex Androma-
cha Eetionis filia captiua procreauit Amphialum. sed
postquam audiuit Hermionen sponsam suam Oresti esse
5 datam in coniugium, Lacedaemonem uenit et a Menelao
sponsam suam petit. cui ille fidem suam infirmare noluit, 2
Hermionenque ab Oreste adduxit et Neoptolemo dedit.
Orestes iniuria accepta Neoptolemum Delphis sacrificantem occidit et Hermionen recuperauit; cuius ossa per
10 fines Ambraciae sparsa sunt, quae est in Epiri regionibus.

CXXIV   REGES ACHIVORVM

Phoroneus Inachi filius, Argus Iouis filius, Peranthus
Argi filius, Triops Peranthi filius, Pelasgus Agenoris filius, Danaus Beli filius, Tantalus Iouis filius, Pelops Tan-

CXXII,17 Hermionem *Mu* Hennionem F (*partim typothetae
errore, nisi fallor*)   CXXIII,4 Hermionē F   7 Hermionenque *hic* F   9 Hermionē F   CXXIV,2 *regum ordinem seru-
aui quem praebet* F Temenus Aristomachi filius *et tum* Clytus
Temeni filius *post* Tisamenus Orestis *transposuit Stav*

tali filius, Atreus Pelopis filius, Temenus Aristomachi fi- 5
lius, Thyestes Pelopis, Agamemnon Atrei, Aegisthus
Thyestis, Orestes Agamemnonis, Clytus Temeni filius,
Aletes Aegisthi, Tisamenus Orestis, Alexander Eurysthei.

CXXV ODYSSEA

Vlyxes cum ab Ilio in patriam Ithacam rediret, tempestate
ad Ciconas est delatus, quorum oppidum Ismarum expug-
2 nauit praedamque sociis distribuit. inde ad Lotophagos,
homines minime malos, qui loton ex foliis florem pro- 5
creatum edebant, idque cibi genus tantam suauitatem
praestabat ut qui gustabant obliuionem caperent domum
reditionis. ad eos socii duo missi ab Vlysse cum gustarent
herbas ab eis datas, ad naues obliti sunt reuerti, quos
3 uinctos ipse reduxit. inde ad Cyclopem Polyphemum 10
Neptuni filium. huic responsum erat ab augure Telemo
Eurymi filio ut caueret ne ab Vlysse excaecaretur. hic media fronte unum oculum habebat et carnem humanam
epulabatur. qui postquam pecus in speluncam redegerat,
4 molem saxeam ingentem ad ianuam opponebat. qui Vlys- 15
sem cum sociis inclusit sociosque eius consumere coepit.
Vlysses cum uideret eius immanitati atque feritati resistere se non posse, uino quod a Marone acceperat eum

---

7 Temeni F *non* Temenei   8 Alexander Eurysthei *del. Rose*
post Beli filius *transposuit St*   **CXXV,5** ex foliis florem *Bart-*
hius teste Sr ex foliis flore F ex foliis rore *Barthius aduers. 8.6* ex
trifolii flore *Mu*   6 idque cibi genus *Barthius quasi e codice ms.*
idque ciuibus F isque cibus *Rose*   7 domum *Gronovius* domi
F   12 caueret *Mi* cauaret F   18 Marone *Mi* Marathone F

inebriauit, seque Vtin uocari dixit. itaque cum oculum 5
20 eius trunco ardenti exureret, ille clamore suo ceteros Cy-
clopas conuocauit, eisque spelunca praeclusa dixit, "Vtis
me excaecat." illi credentes eum deridendi gratia dicere
neglexerunt. at Vlysses socios suos ad pecora alligauit et
ipse se ad arietem, et ita exierunt ad Aeolum Hellenis fi- 6
25 lium, cui ab Ioue uentorum potestas fuit tradita; is Vlyssem hospitio libere accepit, follesque uentorum ei plenos
muneri dedit. socii uero aurum argentumque credentes
cum accepissent et secum partiri uellent, folles clam so-
luerunt uentique euolauerunt. rursum ad Aeolum est de-
30 latus, a quo eiectus est, quod uidebatur Vlysses numen
deorum infestum habere, ad Laestrygonas, quorum rex 7
fuit Antiphates ⟨...⟩ deuorauit nauesque eius undecim
confregit, excepta naue qua sociis eius consumptis euasit
in insulam Aenariam ad Circen Solis filiam, quae potione 8
35 data homines in feras bestias commutabat. ad quam Eu-
rylochum cum uiginti duobus sociis misit, quos illa ab
humana specie immutauit. Eurylochus timens, qui non in-
trauerat, inde fugit et Vlyssi nuntiauit, qui solus ad eam
se contulit; sed in itinere Mercurius ei remedium dedit,

CXXV,31 *hinc, ut uid., pendet Arnulfi Aurelianensis comm. in Ou. Fastos 4.69, ut docet J. Holzworth, Classical Philology 38, 1943, 126–131* **35** *sqq. cf. Lact. Plac. ad Stat. Theb. 4.550; Myth. Vat. 1.15 et 2.211*

32 *lac. stat. Mi* ⟨deuertit, qui unum socium eius⟩ *Bursian* ⟨qui socios Vlixis⟩ *Holzworth* **33** ⟨una⟩ naue *Bursian* **34** Aeaeam *Bursian*

9 monstrauitque quomodo Circen deciperet. qui postquam 40
ad Circen uenit et poculum ab ea accepit, remedium Mercurii monitu coniecit, ensemque strinxit, minatus nisi so-
10 cios sibi restitueret, se eam interfecturum. tunc Circe intellexit non sine uoluntate deorum id esse factum; itaque
fide data se nihil tale commissuram, socios eius ad pristi- 45
nam formam restituit, ipsa cum eodem concubuit, ex quo
11 filios duos procreauit, Nausithoum et Telegonum. inde
proficiscitur ad lacum Auernum, ad inferos descendit,
ibique inuenit Elpenorem socium suum, quem ad Circen
reliquerat, interrogauitque eum quomodo eo peruenisset; 50
cui Elpenor respondit se ebrium per scalam cecidisse et
ceruices fregisse, et deprecatus est eum cum ad superos
rediret sepulturae traderet et sibi in tumulo gubernacu-
12 lum poneret. ibi et cum matre Anticlia est locutus de fine
errationis suae. deinde ad superos reuersus Elpenorem se- 55
peliuit et gubernaculum, ita ut rogauerat, in tumulo ei fi-
13 xit. tum ad Sirenas Melpomenes Musae et Acheloi filias
uenit, quae partem superiorem muliebrem habebant, inferiorem autem gallinaceam. harum fatum fuit tam diu
uiuere quam diu earum cantum mortalis audiens nemo 60
praeteruectus esset. Vlysses monitus a Circe Solis filia sociis cera aures obturauit seque ad arborem malum const-
14 ringi iussit et sic praeteruectus est. inde ad Scyllam Typhonis filiam uenit, quae superiorem corporis ⟨partem⟩
muliebrem, inferiorem ab inguine piscis, et sex canes ex 65
se natos habebat; eaque sex socios Vlyxis naue abreptos

---

44 uoluntate *Mu* (*cf. Lact. Plac. et Myth. Vat.*) diuina uoluntate F   47 Nausithoum *Mi* Nausiphoum F   53 ⟨se⟩ sepulturae *Rose*   62 obturauit *Mi* obdurauit F   64 *suppl. Mi*

consumpsit. in insulam Siciliam ad Solis pecus sacrum 15
uenerat, quod socii eius cum coquerent in aeneo mugie-
bat; monitus id ne attingeret ab Tiresia et a Circe moni-
70 tus Vlysses; itaque multos socios ob eam causam ibi ami-
sit, ad Charybdinque perlatus, ⟨quae⟩ ter die obsorbebat,
terque eructabat, eam monitu Tiresiae praeteruectus est.
sed ira Solis, quod pecus eius erat uiolatum (cum in insulam eius uenisset et monitu Tiresiae uetuerit uiolari, cum
75 Vlysses condormiret, socii inuolarunt pecus; itaque cum
coquerent, carnes ex aeno dabant balatus), ob id Iouis
nauem eius fulmine incendit. ex his locis errans naufragio 16
facto sociis amissis enatauit in insulam Aeaeam; ⟨hic⟩
Calypso Atlantis filia nympha, quae specie Vlyssis capta
80 anno toto eum retinuit neque a se dimittere uoluit donec
Mercurius Iouis iussu denuntiauit nymphae ut eum di-
mitteret. et ibi facta rate Calypso omnibus rebus ornatum 17
eum dimisit, eamque ratim Neptunus fluctibus disiecit,
quod Cyclopem filium eius lumine priuauerat. ibi cum
85 fluctibus iactaretur, Leucothoe, quam nos Matrem Matutam dicimus, quae in mari exigit aeuum, balteum ei dedit
quo sibi pectus suum uinciret, ne pessum abiret. quod
cum fecisset, enatauit. inde in insulam Phaeacum uenit, 18
nudusque ex arborum foliis se obruit, qua Nausicaa Alci-
90 noi regis filia uestem ad flumen lauandam tulit. ille erepsit e foliis et ab ea petit ut sibi opem ferret. illa misericor-

---

69 monitus *alterum del. Sr*   **71** *suppl. Barthius*
absorbebat *Barthius*   **72** eam *Sr* eo F   **78** Aeaeam *in ra-*
sura in codice suo 'ab indocto aliquo superinductum' testatur Mi
Ogygiam *Bursian, sed recte uerba tradita defendit Mu*   ⟨hic⟩
scripsi ⟨ubi⟩ *Mi*   **87** suum F summum *Bursian*   **90** lauandam F *non* lauandum   erepsit F *non* erepit

dia mota pallio eum operuit et ad patrem suum eum
19 adduxit. Alcinous hospitio liberaliter acceptum donisque
decoratum in patriam Ithacam dimisit. ira Mercurii iterum naufragium fecit. post uicesimum annum sociis 95
amissis solus in patriam redit, et cum ab hominibus igno-
raretur domumque suam attigisset, procos qui Penelopen
in coniugium petebant obsidentes uidit regiam seque ho-
20 spitem simulauit. et Euryclia nutrix ipsius dum pedes ei
lauat ex cicatrice Vlyssem esse cognouit. postea procos 100
Minerua adiutrice cum Telemacho filio et duobus seruis
interfecit sagittis.

[Deioneus genuit Cephalum, Cephalus Arcesium, Arcesius Laertem, Laertes Vlyssem, Vlysses ex Circe Telegonum, ex Penelope Telemachum; Telegonus ex Penelope 105
Vlyssis coniuge Italum, qui Italiam ex suo nomine appellauit; e Telemacho Latinus, qui Latinam linguam ex suo
nomine cognominauit.]

CXXVI   VLYSSIS COGNITIO

Vlysses ab Alcinoo rege Nausicaae patre cum esset
⟨cum⟩ muneribus dimissus, naufragio facto nudus Ithacam peruenit ad quandam casam suam ubi erat nomine
Eumaeus sybotes, hoc est subulcus pecoris; quem canis 5

94 *cf. uerba Publilii Syri ap. Gellium 17.14.4 et Macrob. sat.*
2.7.10 (u. 264 Ribb.²): inprobe Neptunum accusat, qui iterum
naufragium facit   **103−108** *teste Mi 'in ueteri exemplari in*
margine annotata erant'   **103** Arcesium Arcesius *Mi* Archium
Archius F   **CXXVI,2** Nausicaae *Mu* -cae F   **3** *suppl.*
Bursian

cum agnosceret et ei blandiretur, Eumaeus eum non re-
cognoscebat, quoniam Minerua eum et habitum eius
commutauerat. Eumaeus eum rogauit unde esset, et ille 2
ait se naufragio huc peruenisse. quem cum pastor interro-
10 garet an Vlyssem uidisset, dixit se comitem eius esse, et
signa et argumenta coepit dicere. quem mox Eumaeus 3
casa recepit, cibo potuque animauit. quo cum uenissent
famuli missi solito more pecora petitum, et ille interro-
gasset Eumaeum qui essent, ait, "Post Vlyssis profectio-
15 nem cum iam tempus intercederet, proci Penelopen in
coniugium petentes uenerunt. quos illa condicione ita 4
differt, 'Cum telam detexuero, nubam:' quam interdiu
⟨texebat, noctu⟩ detexebat et sic eos differebat. nunc autem illi cum ancillis Vlixis discumbunt et pecora eius
20 consumunt." tunc Minerua effigiem suam ei restituit; 5
subito sybotes ut uidit Vlyssem esse, tenens amplectens-
que lacrimari coepit prae gaudio et admirari quid esset
illud quod eum immutauerat. cui Vlysses ait, "Crastino die
perduc me in regiam ad Penelopen." quem cum duceret, 6
25 Minerua ei iterum faciem mendici transformauit. quem
cum Eumaeus ad mnesteras perduxisset et cum ancillis
discumberent, ait ad illos, "Habetis ecce alterum mendi-
cum qui cum Iro uos delectet." tunc Melanthius unus ex 7
mnesteribus ait, "Immo inter se luctentur et uictor acci-
30 piet uentriculum farsum et harundinem unde uictum ei-
ciat." qui cum luctati essent et Vlysses Irum applosisset

---

15 intercederet *Barthius* interincederet F   **18** *suppl. Rose
duce Barthio, qui* ⟨noctu autem⟩ quam interdiu ⟨texebat⟩ retexe-
bat *coniecit*   **23** illud *om. Rose, neglegentia, ut uid.*   **24** Penelopen *Sr* -pem F   **30** ei ciat F (*typothetae errore?*)
31 Irum *Barthius et Sr* iterum F

atque eum eiecisset, Eumaeus in mendici persona Vlyssem ad Eurycliam nutricem perduxit dicitque eum socium Vlyssis fuisse, cui cum uellet ⟨...⟩ Vlysses ei os
compressit atque Penelopen et eam praemonuit ut arcum 35
et sagittas eius daret procis, ut qui ex iis eum intendisset
8 eam uxorem duceret. quae cum fecit ⟨...⟩ inter se certa-
rent et nemo posset intendere, Eumaeus ait deridendi
gratia, "Demus ⟨...⟩" non pateretur Melanthius, qui erat
9 ⟨...⟩ Eumaeus arcum seni tradidit. ille omnes procos 40
confixit excepto Melanthio seruo; is clam procis ⟨...⟩ de-
prehensus est, cui nares et bracchia et reliquas partes
membrorum minutatim secuit, atque domum suam cum
coniuge potitus est. ancillas autem suas iussit corpora eorum ad mare deferre, in quas rogatu Penelopes post cae- 45
dem procorum Vlysses animaduertit.

CXXVII TELEGONVS

Telegonus Vlyssis et Circes filius missus a matre ut geni-
torem quaereret, tempestate in Ithacam est delatus, ibique fame coactus agro depopulari coepit; cum quo Vlys-
2 ses et Telemachus ignari arma contulerunt. Vlysses a 5
Telegono filio est interfectus, quod ei responsum fuerat
ut a filio caueret mortem. quem postquam cognouit qui

---

34 *lac. stat. Mi* **35** Penelopen *Sr* -pem F et eam F
etiam *Sr* **37** *lac. stat. Mi* ⟨et⟩ *Sr* feci⟨sse⟩t ⟨et⟩ *Bursian*
38 posset *Mi* post F Eurymachus *Bursian* **39** *lac. stat. Mi*
⟨etiam mendico peregrino arcum. quod cum⟩ *suppl. Bursian*
40 *lac. stat. Mi* ⟨princeps procorum, tamen Telemachi iussu⟩
suppl. Bursian **41** *lac. stat. Sr, qui* ⟨arma cum afferret⟩ *suppl.*

esset, iussu Mineruae cum Telemacho et Penelope in patriam redierunt, in insulam Aeaeam; ad Circen Vlyssem
10 mortuum deportarunt ibique sepulturae tradiderunt. eius-   3
dem Mineruae monitu Telegonus Penelopen, Telema-
chus Circen duxerunt uxores. Circe et Telemacho natus
est Latinus, qui ex suo nomine Latinae linguae nomen
imposuit; ex Penelope et Telegono natus est Italus, qui
15 Italiam ex suo nomine denominauit.

CXXVIII   AVGVRES

Ampycus Elati filius, Mopsus Ampyci filius, Amphiaraus
Oeclei uel Apollinis filius, Tiresias Eueris filius, Manto
Tiresiae filia, Polyidus Coerani filius, Helenus Priami fi-
5 lius, Cassandra Priami filia, Calchas Thestoris filius,
Theoclymenus Protei filius, Telemus Eurymi filius, Si-
bylla Samia, alii Cymaeam dixerunt.

⟨CXXIX   OENEVS⟩

Liber cum ad Oeneum Parthaonis filium in hospitium uenisset, Althaeam Thestii filiam uxorem Oenei adamauit,
quod Oeneus ut sensit, uoluntate sua ex urbe excessit si-

CXXVII,9 Aeaeam *Mi* Aeacam F   11 Penelopen *Sr*
-opē F   CXXVIII,2 Ampycus *Sr* Amycus F   3 Eueris *Sr*
Eurymi F   6 Theoclimenus F   Protei filius *Sr* Thestoris filius, Telemus Protei filius F (*e repetitione, ut uid.*) Polyphidae
filius, Theonoe Protei filia *Mi*   CCXXIX,1 *hinc usque ad*
fab. CLXV et numeros et titulos deesse in codice suo testatur Mi, qui
ex indice restituit

mulatque se sacra facere. at Liber cum Althaea concu- 5
buit, ex qua nata est Deianira; Oeneo autem ob hospitium liberale muneri uitem dedit monstrauitque quomodo sereret, fructumque eius ex nomine hospitis oenon
ut uocaretur instituit.

⟨CXXX   ICARIVS ET ERIGONE⟩

Cum Liber pater ad homines esset profectus ut suorum
fructuum suauitatem atque iucunditatem ostenderet, ad
Icarium et Erigonam in hospitium liberale deuenit. iis
utrem plenum uini muneri dedit, iussitque ut in reliquas 5
2 terras propagarent. Icarius plaustro onerato cum Erigone
filia et cane Maera in terram Atticam ad pastores deuenit
et genus suauitatis ostendit. pastores cum immoderatius
biberent, ebrii facti conciderunt; qui arbitrantes Icarium
sibi malum medicamentum dedisse fustibus eum interfe- 10
3 cerunt. Icarium autem occisum canis ululans Maera Erigonae monstrauit ubi pater insepultus iaceret; quo cum
uenisset, super corpus parentis in arbore suspendio se necauit. ob quod factum Liber pater iratus Atheniensium fi-
4 lias simili poena afflixit. de ea re ab Apolline responsum 15
petierunt, quibus responsum est, quod Icarii et Erigones
mortem neglexissent. quo responso de pastoribus supplicium sumpserunt et Erigonae diem festum oscillationis
pestilentiae causa instituerunt, et ut per uindemiam de
5 frugibus Icario et Erigonae primum delibarent. qui deo- 20

8 oenos *Sr litteras Graecas mauult Rose*   **CXXX**,**7** Mera F
et sic in seqq.   **20** delibarent *Mi* deliberarent F

rum uoluntate in astrorum numerum sunt relati; Erigone
signum Virginis, quam nos Iustitiam appellamus, Icarius
Arcturus in sideribus est dictus, canis autem Maera Cani-
cula.

⟨CXXXI NYSVS⟩

Liber cum in Indiam exercitum duceret, Nyso nutricio
suo, dum ipse inde rediret, regni Thebani potestatem tradidit; sed posteaquam inde reuersus est Liber, Nysus
5 regno cedere noluit. Liber cum nutricio contendere no- 2
luit, passusque est eum regnum obtinere dum occasio sibi
regni recuperandi daretur. itaque post annum tertium cum
eo redit in gratiam, sumulatque in regno se sacra facere
uelle quae trieterica dicuntur, quoniam post tertium an-
10 num faciebat, militesque muliebri ornatu pro Bacchis in-
troduxit, et Nysum cepit regnumque suum recuperauit.

⟨CXXXII LYCVRGVS⟩

Lycurgus Dryantis filius Liberum de regno fugauit; quem
cum negaret deum esse uinumque bibisset et ebrius matrem suam uiolare uoluisset, tunc uites excidere est cona-
5 tus, quod diceret illud malum medicamentum esse quod

CXXX,21 *cf. Dositheum CGL 3.58.49*

CXXXI,2 Niso F *ut etiam infra*   **8** regia *Bursian*
10 fiebant *St, probante Holzworth*   **CXXXII,2** Driantis F

2 mentes immutaret. qui insania ab Libero obiecta uxorem
suam et filium interfecit, ipsumque Lycurgum Liber pa-
theris obiecit in Rhodope, qui mons est Thraciae, cuius
imperium habuit. hic traditur unum pedem sibi pro uiti-
bus excidisse.   1

⟨CXXXIII   HAMMON⟩

Liber in India cum aquam quaereret nec inuenisset, subito ex harena aries dicitur exiisse, quo duce Liber cum
aquam inuenisset, petit ab Ioue ut eum in astrorum numerum referret, qui adhuc hodie aequinoctialis aries dici- 5
tur. in eo autem loco ubi aquam inuenerat, templum constituit quod Iouis Hammonis dicitur.

⟨CXXXIV   TYRRHENI⟩

Tyrrheni, qui postea Tusci sunt dicti, cum piraticam facerent, Liber pater impubis in nauem eorum conscendit et
rogat eos ut se Naxum deferrent; qui cum eum sustulis-
sent atque uellent ob formam constuprare, Acoetes guber- 5
2 nator eos inhibuit, qui iniuriam ab eis passus est. Liber ut
uidit in proposito eos permanere, remos in thyrsos commutauit, uela in pampinos, rudentes in hederam; deinde

---

CXXXIII,2 *cf. Lact. Plac. ad Stat. Theb. 3.476; Dositheum*
CGL 3.58.33–34

CXXXIV,5 Acetes F

leones atque pantherae prosiluerunt. qui ut uiderunt, ti- 3
10 mentes in mare se praecipitauerunt; quos et in mari in
aliud monstrum transfigurauit; nam quisquis se praecipitauerat in delphini effigiem transfiguratus est; unde delphini Tyrrheni sunt appellati et mare Tyrrhenum est dictum. numero autem fuerunt duodecim his nominibus, 4
15 Aethalides Medon Lycabas Libys Opheltes Melas Alcime-
don Epopeus Dictys Simon Acoetes; hic gubernator fuit,
quem ob clementiam Liber seruauit.

⟨CXXXV   LAOCOON⟩

Laocoon Capyos filius Anchisae frater Apollinis sacerdos
contra uoluntatem Apollinis cum uxorem duxisset atque
liberos procreasset, sorte ductus ut sacrum faceret Nep-
5 tuno ad litus. Apollo occasione data a Tenedo per fluctus 2
maris dracones misit duos qui filios eius Antiphantem et
Thymbraeum necarent, quibus Laocoon cum auxilium
ferre uellet, ipsum quoque nexum necauerunt. quod 3
Phryges idcirco factum putarunt quod Laocoon hastam in
10 equum Troianum miserit.

10 quos et *Mi* quod et F quos deus *Stav*   15 Ethalides F
Ethalion (*sic*) *Mi ex Ouid. met. 3.647*   Melanthus *Mi ex Ouid.
met. 3.617*   16 Simon *defendit Liénard, coll. Plin. n.h. 9.25*
CXXXV,2 Capyos *Mu* (*duce Mi*) Acoetis F   7 Thimbraeum F

⟨CXXXVI   POLYIDVS⟩

Glaucus Minois et Pasiphaae filius, dum ludit pila, cecidit in dolium melle plenum. quem cum parentes quaererent, Apollinem sciscitati sunt de puero; quibus Apollo
respondit, "Monstrum uobis natum est, quod si quis so- 5
2 luerit, puerum uobis restituet." Minos sorte audita coepit
monstrum a suis quaerere; cui dixerunt natum esse uitu-
lum qui ter in die colorem mutaret per quaternas horas,
3 primum album secundo rubeum deinde nigrum. Minos
autem ad monstrum soluendum augures conuocauit, qui 10
cum non inuenirentur, Polyidus Coerani filius Byzantius
monstrum demonstrauit, eum arbori moro similem esse;
nam primum album est, deinde rubrum, cum permatu-
4 rauit nigrum. tunc Minos ait ei, "Ex Apollinis responso filium mihi oportet restituas." quod Polyidus dum augura- 15
tur uidit noctuam super cellam uinariam sedentem atque
apes fugantem. augurio accepto puerum exanimem de
5 dolio eduxit. cui Minos ait, "Corpore inuento nunc spiritum restitue". quod Polyidus cum negaret posse fieri, Minos iubet eum cum puero in monumento includi et gla- 20
6 dium poni. qui cum inclusi essent, draco repente ad
corpus pueri processit; quod Polyidus aestimans eum
uelle consumere, gladio repente percussit et occidit. altera serpens parem quaerens uidit eam interfectam et pro-
gressa herbam attulit, atque eius tactu serpenti spiritum 25

CXXXVI,10 antem F (*typothetae, ut uid., errore*)   11 *num*
inuenirent uerum?   Byzantius *Mu* (*probante Hanell*) Bizanti F
22 Polydius F (*typothetae errore?*)

restituit. idemque Polyidus fecit; qui cum intus uocifera- 7
rentur, quidam praeteriens Minoi nuntiauit, qui monumentum iussit aperiri et filium incolumem recuperauit,
Polyidum cum multis muneribus in patriam remisit.

⟨CXXXVII   MEROPE⟩

Polyphontes Messeniae rex Cresphontem Aristomachi filium cum interfecisset, eius imperium et Meropen uxorem possedit. cum quo Polyphontes occiso Cresphonte
5 regnum occupauit. filium autem eius infantem Merope 2
mater quem ex Cresphonte habebat absconse ad hospitem in Aetoliam mandauit. hunc Polyphontes maxima
cum industria quaerebat, aurumque pollicebatur si quis
eum necasset. qui postquam ad puberem aetatem uenit, 3
10 capit consilium ut exsequatur patris et fratrum mortem.
itaque uenit ad regem Polyphontem aurum petitum, di-
cens se Cresphontis interfecisse filium et Meropes, Tele-
phontem. interim rex eum iussit in hospitio manere, ut 4
amplius de eo perquireret. qui cum per lassitudinem ob-
15 dormisset, senex, qui inter matrem et filium internuntius
erat, flens ad Meropen uenit, negans eum apud hospitem
esse nec comparere. Merope credens eum esse filii sui in- 5
terfectorem qui dormiebat, in chalcidicum cum securi uenit inscia ut filium suum interficeret. quem senex cog-

CXXXVII,3 Meropen *Mu* -pem F   **4** *uerba* cum quo …
25 adeptus est *ad finem fab. 184 habet* F; *huc transposuit Bursian,*
qui etiam demonstrauit uerba cum quo … **5** occupauit *et* **6** quem
ex Cresphonte habebat *agglutinatori cuidam deberi*   **12** Meropes *Mu* -pis F   **16** Meropen *Mu* -pem F

6 nouit et matrem ab scelere retraxit. Merope postquam 20
uidit occasionem sibi datam esse ab inimico se ulcis-
cendi, redit cum Polyphonte in gratiam. rex laetus cum
rem diuinam faceret, hospes falso simulauit se hostiam
percussisse, eumque interfecit, patriumque regnum adeptus est. 25

⟨CXXXVIII PHILYRA QVAE IN TILIAM VERSA EST⟩

Saturnus Iouem cum quaereret per terras, in Thracia
cum Philyra Oceani filia in equum conuersus concubuit,
quae ex eo peperit Chironem centaurum, qui artem medi-
2 cam primus inuenisse dicitur. Philyra postquam inuisit- 5
atem speciem se peperisse uidit, petit ab Ioue ut se in ali-
quam speciem commutaret; quae in arborem philyram,
hoc est tiliam, commutata est.

⟨CXXXIX CURETES⟩

Postquam Opis Iouem ex Saturno peperit, petit Iuno ut
sibi eum concederet, quoniam Saturnus Orcum sub Tartara deiecerat et Neptunum sub undas, quod sciret ⟨ut⟩,

CXXXVIII,3 *sqq. cf. Dositheum CGL 3.59.33–50*
CXXXIX,2 *sqq. cf. Lact. Plac. ad Stat. Theb. 4.784*

21 uidit *Barthius* uenit F uidet *Mi* inuenit *Sr*
CXXXVIII,1 TILIAM *Mi* Tibiam F **5** inuisitatam *Stav*
(ἀθεώρητον *Dositheus*) inusitatam F **7** *Graecis litteris* φιλύραν
St **CXXXIX,4** ⟨ut⟩ *suppl. Mu* ⟨fore ut is⟩ *post* natus esset
dubitanter Castiglioni

5 si quis ex eo natus esset, se regno priuaret. qui cum   2
Opem rogaret, ut esset, quod illa peperisset, illa lapidem
inuolutum ostendit; eum Saturnus deuorauit. quod cum
sensisset, coepit Iouem quaerere per terras. Iuno autem   3
Iouem in Cretensi insula detulit. at Amalthaea pueri nu-
10 trix eum in cunis in arbore suspendit, ut neque caelo neque terra neque mari inueniretur, et ne pueri uagitus
exaudiretur, impuberes conuocauit eisque clipeola aenea
et hastas dedit et iussit eos circum arborem euntes cre-
pare. qui Graece Curetes sunt appellati; alii Corybantes   4
15 dicunt, hi autem Lares appellantur.

⟨CXL   PYTHON⟩

Python Terrae filius draco ingens. hic ante Apollinem ex
oraculo in monte Parnasso responsa dare solitus erat.
huic ex Latonae partu interitus erat fato futurus. eo tem-   2
5 pore Iouis com Latona Poli filia concubuit; hoc cum Iuno
resciit, facit ut Latona ibi pareret quo sol non accederet.
Python ubi sensit Latonam ex Ioue grauidam esse, persequi coepit ut eam interficeret. at Latonam Iouis iussu   3
uentus Aquilo sublatam ad Neptunum pertulit; ille eam
10 tutatus est, sed ne rescinderet Iunonis factum, in insulam
eam Ortygiam detulit, quam insulam fluctibus cooperuit.
quod cum Python eam non inuenisset, Parnassum redit.

     5 ex ea *Sr*   7 ⟨pannis⟩ inuolutum *Holzworth ex Arnulfo*
9 at Amalthaea *Bursian* (Amalthea *iam Heinsius cum Lact. Plac.*)
Adamantaea F   14 alibi … hic *St*   15 dicunt *Mu* dicuntur
F   ⟨Latine⟩ Lares *La Penna cum Lact. Plac.*   **CXL,6** fecit
Bursian

4 at Neptunus insulam Ortygiam in superiorem partem rettulit, quae postea insula Delus est appellata. ibi Latona
oleam tenens parit Apollinem et Dianam, quibus Vulca- 15
5 nus sagittas dedit donum. post diem quartum quam essent nati, Apollo matris poenas exsecutus est; nam Parnassum uenit et Pythonem sagittis interfecit (inde
Pythius est dictus), ossaque eius in cortinam coniecit et
in templo suo posuit, ludosque funebres ei fecit, qui ludi 20
Pythia dicuntur.

⟨CXLI   SIRENES⟩

Sirenes Acheloi fluminis et Melpomenes Musae filiae
Proserpinae raptu aberrantes ad Apollinis terram uenerunt, ibique Cereris uoluntate, quod Proserpinae auxi-
2 lium non tulerant, uolaticae sunt factae. his responsum 5
erat tam diu eas uicturas quam diu cantantes eas audiens nemo esset praeteruectus. quibus fatalis fuit Vlysses; astutia enim sua cum praenauigasset scopulos in qui-
3 bus morabantur, praecipitarunt se in mare. a quibus locus Sirenides cognominatur, qui est inter Siciliam et 10
Italiam.

CXLI,2 *sqq. cf. Dositheum CGL 3.60.1–20*

14 Delus F *non* Delos   **18** unde *Mu* (*e Lact. Plac. ad Ouid.*
met. 1 fab. 8)   **CXLI,3** raptum plorantes *Bursian cum*
Dositheo   petram *Bursian cum Dositheo*

⟨CXLII   PANDORA⟩

Prometheus Iapeti filius primus homines ex luto finxit.
postea Vulcanus Iouis iussu ex luto mulieris effigiem fecit, cui Minerua animam dedit, ceterique dii alius aliud
5 donum dederunt; ob id Pandoram nominarunt. ea data in
coniugium Epimetheo fratri; inde nata est Pyrrha, quae
mortalis dicitur prima esse creata.

⟨CXLIII   PHORONEVS⟩

Inachus Oceani filius ex Argia sorore sua procreauit
Phoroneum, qui primus mortalium dicitur regnasse.
homines ante saecula multa sine oppidis legibusque ui-   2
5 tam exegerunt, una lingua loquentes, sub Iouis impe-
rio, sed postquam Mercurius sermones hominum interpretatus est, unde hermeneutes dicitur esse interpres (Mercurius enim Graece Hermes uocatur; idem nationes distribuit), tum discordia inter mortales esse coepit, quod
10 Ioui placitum non est. itaque exordium regnandi tradidit   3
Phoroneo, ob id beneficium quod Iunoni sacra primus
fecit.

CXLII,6 ⟨Promethei⟩ fratri *Bursian*   **CXLIII,2** Argia
Bunte Archia F   7 *Graecas litteras hic et in uersu sequenti mau-*
ult Bursian   esse F Graece *Bursian secl. Rose*   **11** Iunoni *Mu*
Iunonis F

⟨CXLIV　PROMETHEVS⟩

Homines antea ab immortalibus ignem petebant, neque
in perpetuum seruare sciebant; quod postea Prometheus
in ferula detulit in terras, hominibusque monstrauit quo-
2 modo cinere obrutum seruarent. ob hanc rem Mercurius ⁵
Iouis iussu deligauit eum in monte Caucaso ad saxum
clauis ferreis, et aquilam apposuit quae cor eius exesset;
quantum die ederat, tantum nocte crescebat. hanc aqui-
lam post $\overline{\text{XXX}}$ annos Hercules interfecit, eumque liberauit.　　　　　　　　　　　　　　　　　　　　　　10

⟨CXLV　NIOBE SIVE IO⟩

Ex Phoroneo et † Cinna nati Apis et Nioba; hanc Iupiter
mortalem primam compressit; ex ea natus est Argus, qui
2 suo nomine Argos oppidum cognominauit. ex Argo et Euadne Criasus Piranthus Ecbasus nati: ex Pirantho ⟨et⟩ ⁵
Callirhoe Argus Arestorides Triopas; hic⟨...⟩ex hoc ⟨et⟩
† Eurisabe Anthus Pelasgus Agenor; ex Triope et Orea-

CXLIV,2　sqq.　cf.　Dositheum　CGL　3.59.13–29
CXLV,2–3　cf. Lact. Plac. ad Stat. Theb. 4.589

CXLIV,3 quod F, *quod recte defendit Mu* quem *Bursian*
8 ⟨quae⟩ quantum *Bursian*　　9 $\overline{\text{XXX}}$ *Rose cum Hygin. astron.*
2.15.3 triginta F　　CXLV,2 Phoroneo *Mi* Thronio F　　*quid*
sub nomine Cinna *lateat ignotum est*　　5 Criasus *Sr* Crinus F
Ecbasus *Mu, qui* et Iasus *maluit* et Basus F　　*suppl. Scaliger*
6 Aristorides F　　*lac. stat. Mi* hic *del. Mu*　　*suppl. Sr*

side Xanthus et Inachus; ex Pelasgo Larisa, ex Inacho et
Argia Io. hanc Iupiter dilectam compressit et in uaccae fi- 3
10 guram conuertit, ne Iuno eam cognosceret. id Iuno cum
resciuit, Argum, cui undique oculi refulgebant, custodem
ei misit; hunc Mercurius Iouis iussu interfecit. at Iuno 4
formidinem ei misit, cuius timore exagitatam coegit eam
ut se in mare praecipitaret, quod mare Ionium est appel-
15 latum. inde in Scythiam transnauit, unde Bosporum fines
sunt dictae. inde in Aegyptum, ubi parit Epaphum. Iouis 5
cum sciret suapte propter opera tot eam aerumnas tulisse,
formam suam ei propriam restituit deamque Aegyptio-
rum esse fecit, quae Isis nuncupatur.

⟨CXLVI   PROSERPINA⟩

Pluton petit ab Ioue Proserpinam filiam eius et Cereris in
coniugium daret. Iouis negauit Cererem passuram ut filia
sua in Tartaro tenebricoso sit, sed iubet eum rapere eam
5 flores legentem in monte Aetna, qui est in Sicilia. in quo 2
Proserpina dum flores cum Venere et Diana et Minerua
legit, Pluton quadrigis uenit et eam rapuit; quod postea
Ceres ab Ioue impetrauit ut dimidia parte anni apud se,
dimidia apud Plutonem esset.

8 Larisa *Schwenk* Laris F Lycaon *Mu*   **13** exagitatam *Mu*
duce Barthio -ata F   **15** Bosphorum F   **17** propter *del. Bur-*
sian, sed recte defendit van Krevelen   **19** esse F *non* eam
CXLVI,2 *post* Cereris ⟨sibi⟩ *add. Mu*   **3** daret *del. Bursian*

⟨CXLVII   TRIPTOLEMVS⟩

Cum Ceres Proserpinam filiam suam quaereret, deuenit
ad Eleusinum regem, cuius uxor Cothonea puerum Trip-
tolemum pepererat, seque nutricem lactantem simulauit.
2 hanc regina libens nutricem filio suo recepit. Ceres cum 5
uellet alumnum suum immortalem reddere, interdiu
3 lacte diuino alebat, ⟨noctu⟩ clam in igne obruebat. itaque praeterquam solebant mortales crescebat; et sic fieri
cum mirarentur parentes, eam obseruauerunt. cum Ceres
4 eum uellet in ignem mittere, pater expauit. illa irata Eleu- 10
sinum exanimauit, at Triptolemo alumno suo aeternum
beneficium tribuit. nam fruges propagatum currum draconibus iunctum tradidit, quibus uehens orbem terrarum
5 frugibus obseuit. postquam domum rediit, Celeus eum
pro benefacto interfici iussit. sed re cognita, iussu Cereris 15
Triptolemo regnum dedit, quod ex patris nomine Eleusinum nominauit, Cererique sacrum instituit quae Thes-
mophoria Graece dicuntur.

CXLVII,2 *sqq. cf. DSeru. ad Georg. 1.19; Lact. Plac. ad Stat.
Theb. 2.382; Myth. Vat. 2.96 sqq.*

CXLVII,3 Cyntinia *DSeru.* Hioma *fortasse Lact. Plac.* Iliona
Myth. Vat.   **7** ⟨noctu⟩ *suppl. Mu e DSeruio, Lact. Plac. et Myth.
Vat.*   **8** crescebat F *non* -bant   **10** exclamauit *DSeru., Lact.
Plac., Myth. Vat.*   **12** propagatum *Mu* (*quod defendit van
Krevelen*) propagati F   **14** Cephalus *DSeru.* Cepheus *uel* Ce-
leus *Lact. Plac.* Cepheus *Myth. Vat.*   **16** *post* dedit *suppl.* ⟨qui
accepto regno oppidum constituit⟩ *Bursian e DSeru.*   Eleusim
Mi, sed Eleusinum *habet etiam DSeru.* Eleusium *Lact. Plac.,
Myth. Vat.*   **17** Cererique *Mu e DSeru., Myth. Vat.* fierique F
sacra *DSeru., Lact. Plac., Myth. Vat.*

⟨CXLVIII   VVLCANVS⟩

Vulcanus cum resciit Venerem cum Marte clam concumbere et se uirtuti eius obsistere non posse, catenam ex
adamante fecit et circum lectum posuit, ut Martem astu-
5 tia deciperet. ille cum ad constitutum uenisset, concidit
cum Venere in plagas adeo ut se exsoluere non posset. id 2
Sol cum Vulcano nuntiasset, ille eos nudos cubantes uidit; deos omnis conuocauit; ⟨...⟩uiderunt. ex eo Martem
id ne faceret pudor terruit. ex eo conceptu nata est Har- 3
10 monia, cui Minerua et Vulcanus uestem sceleribus
tinctam muneri dederunt, ob quam rem progenies eorum
scelerata exstitit. Soli autem Venus ob indicium ad pro-
geniem eius semper fuit inimica.

⟨CXLIX   EPAPHVS⟩

Iupiter Epaphum, quem ex Io procreauerat, Aegypto
oppida communire ibique regnare iussit. is oppidum
primum Memphim et alia plura constituit, et ex Cas-
5 siopia uxore procreauit filiam Libyen, a qua terra est appellata.

CXLIX,2 *sqq. cf. Lact. Plac. ad Stat. Theb. 4.737; Myth. Vat.*
2.75

CXLVIII,8 ⟨qui ut⟩ *suppl. Bunte, tum* uiderunt ⟨riserunt⟩
pro uiderunt; *Barthius testatur se uidisse in codice manuscripto* dii
riserunt   **9**   ne   *Barthius*   ni   F   Armonia   F
CXLIX,4 Memphin *Bursian*

⟨CL   TITANOMACHIA⟩

Postquam Iuno uidit Epapho ex pellice nato tantam regni
potestatem esse, curat in uenatu ut Epaphus necetur, Tit-
anosque hortatur Iouem ut regno pellant et Saturno resti-
2 tuant. hi cum conarentur in caelum ascendere, eos Iouis 5
cum Minerua et Apolline et Diana praecipites in Tarta-
rum deiecit. Atlanti autem, qui dux eorum fuit, caeli for-
nicem super umeros imposuit, qui adhuc dicitur caelum
sustinere.

⟨CLI   EX TYPHONE ET ECHIDNA NATI⟩

Ex Typhone gigante et Echidna Gorgon, canis Cerberus
triceps, draco qui mala Hesperidum trans oceanum seruabat, hydra quam ad fontem Lernaeum Hercules interfecit,
draco qui pellem arietis Colchis seruabat, Scylla quae su- 5
periorem partem mulieris, inferiorem canis et canes sex
ex se natos habebat, Sphinx quae in Boeotia fuit, Chimaera in Lycia quae priorem partem leonis figuram, po-
2 steriorem draconis habebat, *media ipsa Chimaera*. ex Medusa Gorgonis filia et Neptuno nati sunt Chrysaor et 10
equus Pegasus; ex Chrysaore et Callirhoe Geryon trimembris.

CLI,9 *Lucret. 5.905*

CL,4 Saturnum *'fort.'* *Bursian*   CLI,5 Colchis *Mu cum*
Praef. 39 Colchos   F   **10**   Crysaor   F   **11**   Crysaore   F
Gerion F

⟨CLII   TYPHON⟩

Tartarus ex Tartara procreauit Typhonem immani magnitudine specieque portentosa, cui centum capita draco-
num ex humeris enata erant. hic Iouem prouocauit, si
5 uellet secum de regno certare. Iouis fulmine ardenti pec-   2
tus eius percussit; cui cum flaglaret montem Aetnam qui
est in Sicilia super eum imposuit, qui ex eo adhuc ardere
dicitur.

⟨CLII A   PHAETHON⟩

Phaethon Solis et Clymenes filius cum clam patris currum conscendisset et altius a terra esset elatus, prae timore decidit in flumen Eridanum. hunc Iuppiter cum ful-
5 mine percussisset, omnia ardere coeperunt. Iouis ut omne   2
genus mortalium cum causa interficeret, simulauit se id
uelle extinguere; amnes undique irrigauit omneque genus
mortalium interiit praeter Pyrrham et Deucalionem. at   3
sorores Phaethontis, quod equos iniussu patris iunxerant,
10 in arbores populos commutatae sunt.

CLII,2 *sqq. cf. Lact. Plac. ad Stat. Theb. 2.595*
CLIIA,2 *sqq. cf. Lact. Plac. ad Stat. Theb. 1.221; schol. ad Germanicum p. 174 ed. Breysig*

CLII,2 ex Terra *Mi cum Lact. Plac.*   **6** flagraret *Lact. Plac.*
CLIIA *hoc caput in indice non numerari recte dicit Mi*   **6** simulans se incendium (*uel* ignem) uelle *dubitanter Bursian*   se *male
omittit Rose*

⟨CLIII   DEVCALION ET PYRRHA⟩

Cataclysmus, quod nos diluuium uel irrigationem dicimus, cum factum est, omne genus humanum interiit
praeter Deucalionem et Pyrrham, qui in montem Aet-
2 nam, qui altissimus in Sicilia esse dicitur, fugerunt. hi 5
propter solitudinem cum uiuere non possent, petierunt ab
Ioue ut aut homines daret aut eos pari calamitate affice-
ret. tum Iouis iussit eos lapides post se iactare; quos Deu-
3 calion iactauit, uiros esse iussit, quos Pyrrha, mulieres. ob
eam rem laos dictus; laas enim Graece lapis dicitur.   10

⟨CLIV   PHAETHON HESIODI⟩

Phaethon Clymeni Solis filii et Meropes nymphae filius,
quam Oceanitidem accepimus, cum indicio patris auum
Solem cognouisset, impetratis curribus male usus est.
2 nam cum esset propius terram uectus, uicino igni omnia 5
conflagrarunt, et fulmine ictus in flumen Padum cecidit;
hic amnis a Graecis Eridanus dicitur, quem Pherecydes
3 primus uocauit. Indi autem, quod calore uicini ignis san-
guis in atrum colorem uersus est, nigri sunt facti. sorores

CLIII,2 *sqq. cf. schol. ad Germanicum p. 154 ed. Breysig*
CLIV,2 *sqq. cf. schol. ad Germanicum p. 174 ed. Breysig*   **7** *Phe-
recydis frag. 74 Jacoby, FGrH, uol. 1.80*

CLIII,5 alissimus *typothetae errore, ut uid.,* F *corr. Mi*
10 laas *van Krevelen, Bunte secutus, qui litteras Graecas maluit cum
schol. German.* Laos F   **CLIV,2** filii *Mu* filius F   **3** indicio *Mu* iudicio F   **7** Erydanus F

10 autem Phaethontis dum interitum deflent fratris in arbores sunt populos uersae. harum lacrimae, ut Hesiodus in- 4
dicat, in electrum sunt duratae; Heliades tamen nomin-
antur. sunt autem Merope Helie Aegle Lampetie Phoebe
Aetherie Dioxippe. Cygnus autem rex Liguriae, qui fuit 5
15 Phaethonti propinquus, dum deflet propinquum in cygnum conuersus est; is quoque moriens flebile canit.

⟨CLV   IOVIS FILII⟩

Liber ex Proserpina, quem Titanes carpserunt. Hercules
ex Alcumena. Liber ex Semele Cadmi et Harmoniae ⟨fi-
lia⟩. Castor et Pollux ex Leda Thestii filia. Argus ex
5 Nioba Phoronei filia. Epaphus ex Io Inachi filia. Perseus 2
ex Danae Acrisii filia. Zethus et Amphion ex Antiopa
Nyctei filia. Minos Sarpedon et Rhadamanthus ex
Europa Agenoris filia. Hellen ex Pyrrhe Epimethei filia.
Aethlius ex Protogenie Deucalionis filia. Dardanus ex 3
10 Electra Atlantis filia. Lacedaemon ex Taygete Atlantis fi-

11 *Hesiodi frag. 311 Merkelbach et West; cf. Lact. Plac. ad Ouid.
met. 2.2–3, p. 638.9–10 ed. Magnus*

13 Aegle Lampetie *Mi* Aeglae Lampedie F   Phoebe Aetherie *Mu*   Phoebea Etherie F   **CLV,3** Harmoniae *Sr*
Hermoniae F   *suppl. Sr*   6 et Amphion ex *Mu* ex Amphio
et F   7 Nictei F   8 Hellen *Bunte* Helena F   Pyrrha *Mu*
Epimethei *Mu*   Pimeti F   9 Aethlius *Mi*   Ethalion F
10 Thaygete F

lia. Tantalus ex Plutone Himantis filia. Aeacus ex Aegina
4 Asopi filia. Aegipan ex capra. † Boetis Arcada ex Callisto
Lycaonis filia. Pirithous ex Dia Deionei filia.

⟨CLVI   SOLIS FILII⟩

Circe ex Perside Oceani filia, Pasiphae. ex Clymene Oceani filia, Phaethon Lampetie Aegle Phoebe⟨...⟩

⟨CLVII   NEPTVNI FILII⟩

Boeotus et Hellen ex Antiopa Aeoli filia. Agenor et Be-
⟨lus ex Libye Epaphi filia. Bel⟩lerophon ex Eurynome
Nysi filia. Leuconoe ex Themisto Hypsei filia. Hyrieus ex
2 Alcyone Atlantis filia. Abas ex Arethusa Nerei filia. Epo- 5
peus ex Alcyone Atlantis filia. Belus. Actor. Dictys ex
3 Agamede Augiae filia. Euadne ex Pitana Leucippi filia.

12 Aegipan *Sr* Aegippā F   *quid sub* Boetis *lateat incertum est*
Panos *Mu* Bootes ⟨quem alii uocant⟩ *Bursian*   13 *post* filia[1]
iterum habet Etolus ex Protogenia Deucalionis filia F *del. Bursian*
Deionei *Mu* Oenei F   **CLVI,2** ⟨ac⟩ Pasiphae *Sr*   3 *lac.*
stat. Mi ⟨Merope Helie Aetherie Dioxippe⟩ *suppl. Bursian e*
fab. 154   **CLVII,2** Boeotus *Grotius* Booetus F Boeotus et
Aeolus ex Melanippe Aeoli filia *Mu e fabb. 186 et 252*
3 *suppl. St*   Eurymede *St*   4 Hipsei F   Hyrieus *Heinsius*
Rias F   5 Aretusa F   Nerei (*uel* Hesperi) *Mu* Herilei F
Epopeus *Bunte* Ephoceus F Phoceus *uel* Phocus *Bursian*
6 Dyctis F   7 Augiae *Bunte* Augei F   Pitana *Mu* Lena F
Hilaera *Bursian* Pitane ⟨Eurotae fluminis filia; Peratus ex
Calchinia⟩ *Bunte*

Megareus ex Oenope Epopei filia. Cygnus ex Calyce He-
catonis filia. Periclymenus et Ancaeus ex Astypalaea
10 Phoenicis filia. Neleus et Pelias ex Tyro Salmonei filia.
Euphemus et Lycus et Nycteus ex Celaeno † Ergei filia.
Peleus † Arprites. Antaeus⟨...⟩ Eumolpus ex Chiona   4
Aquilonis filia⟨...⟩ Amymone⟨...⟩ item Cyclops Euphe-
mus⟨...⟩ Amycus ex Melie Busiris filia.

⟨CLVIII   VVLCANI FILII⟩

Philammon. Cecrops. Erichthonius. Corynetes. Cercyon.
Philottus. Spinther.

⟨CLIX   MARTIS FILII⟩

Oenomaus ex Sterope. Harmonia ex Venere. Leodocus ex
Pero. Lycus. Diomedes Thrax. Ascalaphus. Ialmenus.
Cycnus. Dryas.

8 ex Harpalyce *uel* Harpale *Mu*   Hecataeonis *Heinsius*
Hicetaonis *Bursian*   **9** Periclymenus *Mu* Ericlimenus F
Ancaeus *Sr* Autheus F   Astypalaea *Sr* Astyphile F   **11** Ce-
laeno ⟨Atlantis filia;⟩ Erginus *Bunte*   **12** Arprites Ancaeus F
(Antaeus *Mu*) Opleus ⟨et⟩ Aloeus ex Canace ⟨Aeoli filia⟩
Bursian   Eumolpus *Mu* Moepus F   **13** ⟨Nauplius ex⟩ Amy-
mone ⟨Danai filia⟩ *Mu*   Polyphemus *Bunte*   **14** ⟨ex Thoosa
Phorci filia⟩ *suppl. Bursian*   Amycus ex Melie *Heinsius* Metus
ex Melite F   Melie ⟨Oceani filia⟩ *Bunte*   Busiris ⟨ex Libya
Epaphi⟩ *Bursian*   **CLVIII,2** Philammon *Sr* Phillamnon F
Cercion F   **3** Philottus *Bursian* Philoctus F   Spinther *Sr*
Pinther F   **CLIX,2** Sterope *Bunte* Asterope F Eurythoe *Mu*
Leodocus ex Pero *Bursian* Leodo ex Ce F

136 HYGINVS

⟨CLX MERCVRII FILII⟩

Priapus. Echion ex Antianira, ⟨et⟩ Eurytus. Cephalus ex
Creusa Erechthei filia. † Eurestus Aptale †. Libys ex Libye
Palamedis filia.

⟨CLXI APOLLINIS FILII⟩

Delphus. Asclepius ex Coronide Phlegyae filia. Euripides
ex Cleobula. † Ilius ex Vrea † Neptuni filia. Agreus ex Euboea Macarei filia. Philammon ex Leuconoe Luciferi filia. Lycoreus ex nympha. Linus ex Vrania musa. Arista- 5
eus ex Cyrene Penei filia.

⟨CLXII HERCVLIS FILII⟩

Hyllus ex Deianira. Tlepolemus ex Astyoche. † Leucites.
Telephus ex Auge Alei filia. Leucippus. Therimachus,

CLXI,5 *cf. Dositheum CGL 3.58.4–6*

CLX,2 Echion ex Antianira *Burmann* Echo Antian F
suppl. Burmann **3** Erechthei *Mu* Erictei F Erichthei *Mi*
Eunostos ⟨ex⟩ Aglauro *Bursian* Lybys ex Lybie F
CLXI,2 Delphus ⟨ex Celaeno Hyami filia⟩ *uel sim. Bursian*
Phlegiae F Eurypides F **3** Phyllus (Cycnus *Bursian*) ex
Hyria *Heinsius* Agreus *Sr* Argeus F Eubea F **4** Chione
Mi Leucothoe *Mu* **CLXII,2** Hillus F Leucites F
Lysippus *Mu* Skythes *Hosius del. Bursian* **3** Therimachus *Mu*
Theromachus F

Creontiades, Archelaus, Ophites, Deicoon. Euhenus. Ly-
5 dus. et duodecim Thespiades, quos ex Thespii regis filiabus procreauit.

⟨CLXIII AMAZONES⟩

Ocyale, Dioxippe, Iphinome, Xanthe, Hippothoe, Otrere,
Antioche, Laomache, Glauce, Agaue, Theseis, Hippolyte,
Clymene, Polydora, Penthesilea.

⟨CLXIV ATHENAE⟩

Inter Neptunum et Mineruam cum esset certatio qui primus oppidum in terra Attica conderet, Iouem iudicem
sumpserunt. Minerua quod primum in ea terra oleam
5 seuit, quae adhuc dicitur stare, secundum eam iudicatum
est. at Neptunus iratus in eam terram mare coepit irrigare   2
uelle, quod Mercurius Iouis iussu id ne faceret prohibuit.
itaque Minerua ex suo nomine oppidum Athenas condi-   3
dit, quod oppidum in terris dicitur primum esse constitu-
10 tum.

4 Creontiades *Mi* Leontiades F   Archelaus *Mu* Archelous
F   Deicoon *Sr*   Deucalion F   Eueres *Sr*   Lidus F
CLXIII,2 Hyppothoe F   Otrere *Mi*   Othrepte F
CLXIV,8 oppidum *neglegenter om. Rose*   **10** *post* constitutum
duos locos e Fulg. mit. infercit F: Orpheus Eurydicem ... iterum
perdidit (*mit. 3.10*) *et* Myrrha cum patrem suum amaret, inebriauit et sic cum eo concubuit. quod pater resciens, utero plenam
coepit euaginato persequi gladio, illa in arborem myrrham est
conuersa, quam pater gladio feriens, Adonis exinde natus est,
quem Venus diligens (*mit. 3.8*)

⟨CLXV   MARSYAS⟩

Minerua tibias dicitur prima ex osse ceruino fecisse et ad
2 epulum deorum cantatum uenisse. Iuno et Venus cum
eam irriderent, quod et caesia erat et buccas inflaret,
foeda uisa et in cantu irrisa in Idam siluam ad fontem ue- 5
nit, ibique cantans in aqua se aspexit et uidit se merito ir-
risam; unde tibias ibi abiecit et imprecata est ut quisquis
3 eas sustulisset, graui afficeretur supplicio. quas Marsyas
Oeagri filius pastor unus e satyris inuenit, quibus assidue
commeletando sonum suauiorem in dies faciebat, adeo ut 10
Apollinem ad citharae cantum in certamen prouocaret.
4 quo ut Apollo uenit, Musas iudices sumpserunt, et cum
iam Marsyas inde uictor discederet, Apollo citharam uer-
sabat idemque sonus erat; quod Marsya tibiis facere non
5 potuit. itaque Apollo uictum Marsyan ad arborem religa- 15
tum Scythae tradidit, qui cutem ei membratim separauit;
reliquum corpus discipulo Olympo sepulturae tradidit, e
cuius sanguine flumen Marsyas est appellatum.

CLXVI   ERICHTHONIVS

Vulcanus Ioui ceterisque diis solia ex auro et adamante
cum fecisset, Iuno cum sedisset, subito in aere pendere
coepit. quod cum ad Vulcanum missum esset ut matrem

CLXV,7 ibi *male om. Rose*   **9** Hyagni *Mu* Hyagnis
Bursian   satyris *Mi* turis F   **16** cutem ei *Sr* eum F ⟨cute⟩
post membratim *add. Rose*   **18** Marsyas *Mu* -an F -a *Stav*
CLXVI,2 solia ex auro et *Rose* soleas aureas ex F solia aurea
ex *Mu* (*duce Sr*)

5 quam ligauerat solueret, iratus quod de caelo praecipita-
tus erat, negat se matrem ullam habere. quem cum Liber 2
pater ebrium in concilio deorum adduxisset, pietati negare non potuit; tum optionem a Ioue accepit, si quid ab
iis petiisset impetraret. tunc ergo Neptunus, quod Mine- 3
10 ruae erat infestus, instigauit Vulcanum Mineruam petere
in coniugium. qua re impetrata in thalamum cum uenisset, Minerua monitu Iouis uirginitatem suam armis defendit, interque luctandum ex semine eius quod in terram decidit natus est puer, qui inferiorem partem
15 draconis habuit; quem Erichthonium ideo nominarunt 4
quod eris Graece certatio dicitur, chthon autem terra dicitur. quem Minerua cum clam nutriret, dedit in cistula
seruandum Aglauro Pandroso et Herse Cecropis filiabus.
hae cum cistulam aperuissent, cornix indicauit; illae a 5
20 Minerua insania obiecta ipsae se in mare praecipitauerunt.

CLXVII   LIBER

Liber Iouis et Proserpinae filius a Titanis est distractus,
cuius cor contritum Iouis Semele dedit in potionem. ex 2
eo praegnans cum esset facta, Iuno in Beroen nutricem
5 Semeles se commutauit et ait, "Alumna, pete a Ioue ut
sic ad te ueniat quemadmodum ad Iunonem, ut scias
quae uoluptas est cum deo concumbere." illa autem insti- 3
gata petit ab Ioue, et fulmine est icta; ex cuius utero Liberum exuit et Nyso dedit nutriendum, unde Dionysus
10 est appellatus et bimater est dictus.

CLXVII,9 Nysae *Bursian*

CLXVIII DANAVS

Danaus Beli filius ex pluribus coniugibus quinquaginta filias habuit, totidemque filios frater Aegyptus, qui Danaum fratrem et filias eius interficere uoluit, ut regnum paternum solus obtineret; filiis uxores a fratre poposcit. 5
2 Danaus re cognita Minerua adiutrice ex Africa Argos profugit; tunc primum dicitur Minerua nauem fecisse biproram in qua Danaus profugeret. at Aegyptus ut resciit Danaum profugisse, mittit filios ad persequendum fratrem, et eis praecepit ut aut Danaum interficerent aut ad se non 10
3 reuerterentur. qui postquam Argos uenerunt, oppugnare patruum coeperunt. Danaus ut uidit se eis obsistere non posse, pollicetur eis filias suas uxores ut pugna absiste-
4 rent. impretratas sorores patrueles acceperunt uxores, quae patris iussu uiros suos interfecerunt. sola Hyperme- 15
5 stra Lynceum seruauit. ob id ceterae dicuntur apud inferos in dolium pertusum aquam ingerere. Hypermestrae et Lynceo fanum factum est.

CLXIX AMYMONE

Amymone Danai filia, dum studiose in silua uenatur, satyrum iaculo percussit; eam satyrus uoluit uiolare; illa

CLXVIII,2 sqq. cf. Lact. Plac. ad Stat. Theb. 2.222; Myth. Vat. 1.134; 2.103; schol. ad Germanicum p. 172 ed. Breysig **CLXIX,2** sqq. cf. Lact. Plac. ad Stat. Theb. 2.433

CLXVIII,14 impetrato Bursian   **CLXIX,1** Amimone F ut etiam infra

Neptuni fidem implorauit. quo Neptunus cum uenisset,
5 satyrum abegit et ipse cum ea concubuit, ex quo conceptu nascitur Nauplius. id in quo loco factum est, Nep-   2
tunus dicitur fuscina percussisse terram et inde aquam
profluxisse, qui Lernaeus fons dictus est, et Amymonium
flumen.

⟨CLXIX A   AMYMONE⟩

Amymone Danai filia missa est a patre aquam petitum ad
sacrum faciendum, quae dum quaerit, lassitudine obdor-
miit; quam satyrus uiolare uoluit. illa Neptuni fidem im-
5 plorauit. quod cum Neptunus fuscinam in satyrum misisset, illa se in petram fixit, satyrum Neptunus fugauit. qui   2
cum quaereret ⟨quid ageret⟩ in solitudine a puella, illa
se aquatum missam esse dixit a patre; quam Neptunus
compressit. pro quo beneficium ei tribuit, iussitque eius
10 fuscinam de petra educere. quae cum eduxisset, tres
silani sunt secuti, qui ex Amymones nomine Amymo-
nius fons appellatus est. ex qua compressione natus
est Nauplius. hic autem fons Lernaeus est postea appellatus.

8 Lerneus F   **CLXIXA** *'repetita est haec fabula. nam in indice semel tantum ponitur' recte adnotat Mi*   **7** *suppl. Castiglioni*
⟨quid faceret⟩ *post* solitudine *Rose*   **10** tres *Sr et Heinsius* et
tres F   **13** Lerneus F

CLXX   FILIAE DANAI
QVAE QVOS OCCIDERVNT

Midea Antimachum. Philomela Panthium. Scylla Pro-
teum. Amphicomone Plexippum. Euippe Agenorem.
2 † Demoditas Chrysippum. Hyale † Perium. Trite Encela- 5
dum. Damone Amyntorem. Hippothoe Obrimum.
Myrmidone † Mineum. Eurydice Canthum. Cleo Aste-
3 rium. Arcadia Xanthum. Cleopatra Metalcem. Phila Philinum. Hipparete Protheonem. Chrysothemis Asteriden.
4 † Pyrante Athamantem. † Armoasbus. Glaucippe † Ni- 10
auium. Demophile Pamphilum. Autodice Clytum. Poly-
5 xena Aegyptum. Hecabe Dryantem. Achamantis Ecnominum. † Arsalte Ephialtem. † Monuste Eurysthenem.
Amymone † Midamum. Helice † Euideam. Oeme Poly-
6 dectorem. Polybe † Iltonomum. † Helicta Cassum. Electra 15
† Hyperantum. Eubule Demarchum. † Daplidice † Pugno-
7 nem. Hero Andromachum. † Europome Athleten. † Py-
rantis Plexippum. Critomedia Antipaphum. Pirene Doli-
chum. Eupheme Hyperbium. Themistagora † Podasi-

CLXX,3 Midea *uel* Idaea *St* Idea F   Proteam F (*num typo-*
thetae errore?)   **4** Amphicomone   *Rose* Phicomone   F
Philumene *Bursian*   **5** Demodice *St et Bursian* (*qui etiam* De-
moclia *tentauit*)   **6** Amintorem F   Hyppothoe   F
7 Myrmydone F   **8** Arcadia *Rose*   Arcania F   Metalcen
Rose   Phila Philinum *Rose* Philea Philinam F   **9** Hyparete
F   **10** Pyrauge *Bursian*   **11** Autodice *Bunte* Antodice F
12 Ecnominum *Rose* Echominum F Echomenum *Bursian*
Chthonium *Bunte*   **14** Amimone F   Oeme *St* Amoeme F
16 Hoplodice Pygmalionem (*uel* Pygmachum) *Bursian* 17 Europome Athleten *Rose* Europome Atlitem F Euroto Megaclidem
Bursian   **18** Clytomedia *Bursian*   Pyrene F   **19** Eupheme *Rose* Eupheno F

20 mum. Celaeno Aristonon. Itea Antiochum. Erato 8
Eudaemonem. Hypermestra Lynceum seruauit; qui cum 9
Danaus perisset, primusque Abas ei nuntiasset, Lynceus
circumspiciens in templo quid ei muneri daret, casu conspexit clipeum quem Danaus consecrauerat Iunoni,
25 quem in iuuenta gesserat. refixit et donauit Abanti, lu- 10
dosque consecrauit qui quinto quoque anno aguntur, qui
appellantur ἀσπὶς ἐν Ἄργει. quibus ludis cursoribus corona non datur sed clipeus. at Danaides post patris interi- 11
tum uiros duxerunt Argiuos, e quibus qui nati ⟨Danai⟩
30 sunt appellati.

CLXXI ALTHAEA

Cum Althaea Thestii filia una nocte concubuerunt Oeneus et Mars, ex quibus cum esset natus Meleager, subito
in regia apparuerunt Parcae Clotho Lachesis Atropos. cui 2
5 fata ita cecinerunt: Clotho dixit eum generosum futurum,
Lachesis fortem, Atropos titionem ardentem aspexit in
foco et ait, "Tam diu hic uiuit quam diu hic titio consumptus non fuerit." hoc Althaea mater cum audisset, 3
exiluit de lecto et titionem extinxit et eum in regia media
10 obruit fatalem ne ab igni consumeretur.

20 Celaeno *Bunte* Palaeno F   Aristonoon *Rose*   Erato
Wagner Erate F   **27** Aspis en Argo F *corr. Mu*   quibus *Mu*
e quibus F   **29** *suppl. Sr*   **CLXXI**,7 *in uerbis* et ait *incipi-*
unt iterum fragmenta cod. Φ *in bibliotheca archiepiscopali apud Mo-*
nacenses adseruata; *u. Praef. p. VIII*   **9** lecto et Φ lecto atque
F   **10** consumeretur Φ obrueretur F

CLXXII   OENEVS

Oeneus Porthaonis filius Aetoliae rex cum omnibus diis
annua sacra fecisset et Dianam praeterisset, ea irata
aprum immani magnitudine, qui agrum Calydonium uastaret, misit. tunc Meleager Oenei filius se pollicetur cum 5
delectis Graeciae ducibus ad eum expugnandum iturum.

CLXXIII   QVI AD APRVM CALYDONIVM IERVNT

Castor et Pollux Iouis filii. Eurytus Mercurii Sparta.
Echion Mercurii Thebis. Aesculapius Apollinis. Iason
Aesonis Thebis. Alcon Martis, Thracia. Euphemus Nep-
2 tuni. Iolaus Iphicli. Lynceus et Idas Apharei. Peleus 5
Aeaci. Telamon Aeaci. Admetus Pheretis. Laerta Arcesii.
Deucalion Minois. Theseus Aegei. Plexippus Ideus Lyn-
3 ceus Thestii filii, fratres Althaeae. Hippothous Cercyonis.
Caeneus Elati. Mopsus Ampyci. Meleager Oenei. Hippa-

CLXXII,2 *sqq. cf. Lact. Plac. ad Stat. Theb. 2.742*

CLXXII,1 CLXXIII Φ   **CLXXIII,1** CLXXIIII Φ
2 Eurytus *Mu* uerusius Φ Erytus *Rose*   Sparta. Echion *Bur-*
sian (Echion *iam Mu*) parthecion Φ   4 thebis Φ Thessalia
Bursian   5 et Idas Apharei F epidas aparea Φ   **6** eaci (*bis*)
Φ   Pheretis F feritis Φ   Laerta F lerta Φ   Arcesii *Mi*
arcippa Φ   7 Aegei F agei Φ   ideus lyncaeus F *del. St*
8 Hippothous Cercyonis *Sr* hippotous gerionis Φ   **9** Caeneus
F eaeneus Φ   Ampyci *Sr* amyci Φ   Hippasus *Sr* ypapus Φ
Hyppassus F

10 sus Euryti. Ancaeus Lycurgi. Phoenix Amyntoris. Dryas
Iapeti. Enaesimus Alcon Leucippus Hippocoontis Amyclis. Atalante Schoenei.

⟨CLXXIII A⟩   QVAE CIVITATES AVXILIVM
MISERVNT OENEO

Tenedos Iolcos Sparta Pleurone Messene Perrhaebia
Phthia Magnesia Salamina Calydon Thessalia Oechalia
5 Ithaca Tegea Creta Dolopea Athenae et Arcadia.

CLXXIV   MELEAGER

Althaea Thestii filia ex Oeneo peperit Meleagrum. ibi in
regia dicitur titio ardens apparuisse. huc Parcae uenerunt   2
et Meleagro fata cecinerunt, eum tam diu uicturum quam
5 diu is titio esset incolumis. hunc Althaea in arca clusum   3

10 licurgi Φ   phẹnix Φ   amintoris Φ   **11** iapeti Φ
Lapithi *Bursian*   Enaesimus *Mi* enatimus Φ Euatimus F
Leucippus *Mi* demxippus Φ Denuxippus F   Hippocoontis *Mi*
yppocoon Φ   Amyclis *Bunte*   amyci Φ   Amyclae *Mi*
12 Atalante   Schoenei   *Mi*   athlantes   pondei   Φ
CLXXIIIA,1 *titulum litteris rubris sine numero habet* Φ
3 Tenedos *Sr* Tenerdos Φ Thebae, Argos *Mi* Taenaros *St*
Pleurone *Mu* teurone Φ Pleuron *Mi*   Messene Φ Messe
F   Perrhaebia F   perphebia Φ   **4** Phthia F   ptia Φ
Magnesia *Bunte*   magnesta Φ   salamina Φ   Salamin F
Oechalia F   ychalia Φ   **5** Dolopia *Rose*   Athenae *St*
Athenae Magnesia Φ   **CLXXIV,1** CLXXV Φ   **2** Althaea
Thestii F Altea thesti Φ   **5** clusum Φ clausum F

4 diligenter seruauit. interim ira Dianae, quia Oeneus sacra
annua ei non fecerat, aprum mira magnitudine, qui
5 agrum Calydonium uastaret, misit. quem Meleager cum
delectis iuuenibus Graeciae interfecit, pellemque eius ob
uirtutem Atalante uirgini donauit, quam Ideus Plexippus 10
6 Lynceus Althaeae fratres eripere uoluerunt. illa cum Meleagri fidem implorasset, ille interuenit et amorem cogna-
tioni anteposuit, auunculosque suos occidit. id ubi Althaea mater audiuit, filium suum tantum facinus esse
ausum, memor Parcarum praecepti titionem ex arca pro- 15
latum in ignem coniecit. ita dum fratrum poenas uult
7 exequi, filium interfecit. at sorores eius praeter Gorgen et
Deianiram flendo deorum uoluntate in aues sunt transfi-
guratae, quae meleagrides uocantur; at coniunx eius Al-
cyone maerens in luctu decessit.   20

CLXXV   AGRIVS

Agrius Parthaonis filius ut uidit Oeneum fratrem orbum liberis factum, egentem regno expulit atque ipse regnum
2 possedit. interim Diomedes Tydei filius et Deipyles Ilio
deuicto ut audiuit auum suum regno pulsum, peruenit in 5
Aetoliam cum Sthenelo Capanei filio et armis contendit
cum Lycopeo Agri filio, quo interfecto Agrium egentem e
3 regno expulit atque Oeneo auo suo regnum restituit. post-
que Agrius regno expulsus ipse se interfecit.

10–11 Ideus *et* Lynceus *del. Rose contra capitulum superius*
13 ubi Φ   *om.* F   15 praecepti F   praeceptis Φ
CLXXV,1 CLXXVI Φ   2 Parthaonis F porthaonis Φ
4 deipyles *recte* Φ   6 stenelo Φ   7 Lycopeo *Sr* opopa Φ
Epopea *Mi*   agri Φ Agrii F

CLXXVI   LYCAON

Ad Lycaonem Pelasgi filium Iouis in hospitium uenisse
dicitur et filiam eius Callisto compressisse, ex quo natus
est Arcas, qui ex suo nomine terrae nomen indidit. sed 2
5 Lycaonis filii Iouem tentare uoluerunt, deusne esset; carnem humanam cum cetera carne commiscuerunt idque
in epulo ei apposuerunt. qui postquam sensit, iratus men- 3
sam euertit, Lycaonis filios fulmine necauit. eo loco
postea Arcas oppidum communiuit, quod Trapezos nomi-
10 natur. patrem Iuppiter in lupi figuram mutauit.

CLXXVII   CALLISTO

Callisto Lycaonis filia ursa dicitur facta esse ob iram
Iunonis, quod cum Ioue concubuit. postea Iouis in stellarum numerum rettulit, quae Septentrio appellatur, quod
5 signum loco non mouetur neque occidit. Tethys enim
Oceani uxor nutrix Iunonis prohibet eam in oceanum occidere. hic ergo Septentrio maior, de qua in Creticis uersi- 2
bus

CLXXVI,2 *sqq. cf. Lact. Plac. ad Stat. Theb. 11.128*

CLXXVI,1 CLXXVII Φ   **2** in *recte habet* Φ; *errore om.*
Lehmann   **3** callysto Φ   **9** Trapezus *mauult Mu*   **10** lupi
F, *non* lyci (*unde* λύκου id est lupi *male coni. Rose*)
CLXXVII,1 Calysto F, *ut etiam infra*   **4** numerum F *non*
numero   **5** Tethys *Mu* Thetis F   **7** heroicis *Brakman*

    tuque Lycaoniae mutatae semine nymphae,
    quam gelido raptam de uertice Nonacrinae   10
    oceano prohibet semper se tinguere Tethys,
    ausa suae quia sit quondam succumbere alumnae.

3 haec igitur ursa a Graecis Helice appellatur. haec habet
   stellas in capite septem non claras, in utraque aure duas,
   in armo unam, in pectore claram unam, in pede priore 15
   unam, in extrema coxa claram unam, in femine posteriori
   duas, in pede extremo duas, in cauda tres, omnes numero
   uiginti.

CLXXVIII   EVROPA

   Europa Argiopes et Agenoris filia Sidonia. hanc Iuppiter
   in taurum conuersus a Sidone Cretam transportauit et ex
2 ea procreauit Minoem Sarpedonem Rhadamathum. huius
   pater Agenor suos filios misit ut sororem reducerent aut 5
3 ipsi in suum conspectum non redirent. Phoenix in Africam est profectus, ibique remansit; inde Afri Poeni sunt
4 appellati. Cilix suo nomine Ciliciae nomen indidit. Cadmus cum erraret, Delphos deuenit; ibi responsum accepit
   ut a pastoribus bouem emeret qui lunae signum in latere 10

CLXXVII,9 *sqq. u. E. Courtney, The Fragmentary Latin Poets,
Oxford, 1993, p. 457*

9 ⟨e⟩ semine *Mu*   **11** Tethys *Mu* Thetis F   **18** *immo*
XXII   **CLXXVIII,2** Argiopes *Sr* Agriopes F Argyropes *Mi*
4 Minoem ... Rhadamanthum *Mi* Minonem ... Rhadamantem
F

haberet, eumque ante se ageret; ubi decubuisset, ibi fatum esse eum oppidum condere et ibi regnare. Cadmus 5
sorte audita cum imperata perfecisset et aquam quaereret,
ad fontem Castalium uenit, quem draco Martis filius cu-
15 stodiebat. qui cum socios Cadmi interfecisset, a Cadmo
lapide est interfectus, dentesque eius Minerua monstrante sparsit et arauit, unde Spartoe sunt enati. qui inter 6
se pugnarunt. ex quibus quinque superfuerunt, id est
Chthonius Vdaeus Hyperenor Pelorus et Echion. ex boue
20 autem quem secutus fuerat, Boeotia est appellata.

CLXXIX   SEMELE

Cadmus Agenoris et Argiopes filius ex Harmonia Martis
et Veneris filia procreauit filias quattuor, Semelen Ino
Agauen Autonoen, et Polydorum filium. Iouis cum Se- 2
5 mele uoluit concumbere; quod Iuno cum resciit, specie
immutata in Beroen nutricem ad eam uenit et persuasit
ut peteret ab Ioue ut eodem modo ad se quomodo ad
Iunonem ueniret, "Vt intellegas," inquit, "quae sit uoluptas cum deo concumbere." itaque Semele petiit ab Ioue 3
10 ut ita ueniret ad se. qua re impetrata, Iouis cum fulmine
et tonitribus uenit et Semele conflagrauit. ex utero eius
Liber est natus, quem Mercurius ab igne ereptum Nyso
dedit educandum, et Graece Dionysus est appellatus.

17 Spartoe *St* Spartae F Sparti *Mu*   **CLXXIX,2** Argiopes *Sr* Agriopes F   Armonia F   **11** Semele *Mu* Semelem F
12 Niso F   **13** Dionisus F

CLXXX   ACTAEON

Actaeon Aristaei et Autonoes filius pastor Dianam lauan-
tem speculatus est et eam uiolare uoluit. ob id irata
Diana fecit ut ei cornua in capite nascerentur et a suis canibus consumeretur.   5

CLXXXI   DIANA

Diana cum in ualle opacissima cui nomen est Gargaphia,
aestiuo tempore fatigata ex assidua uenatione se ad fontem, cui nomen est Parthenius, perlueret, Actaeon Cadmi
nepos Aristaei et Autonoes filius, eundem locum petens 5
ad refrigerandum se et canes quos exercuerat feras perse-
2 quens, in conspectu deae incidit; qui ne loqui posset,
habitus eius in ceruum ab ea conuersus est. ita pro ceruo
3 laceratus est a suis canibus. quorum nomina, masculi
Melampus Ichnobates Pamphagos Dorceus Oribasus Ne- 10
brophonus Laelaps Theron Pterelas Hylaeus Nape Ladon

CLXXXI,2 *sqq. cf. Myth. Vat. 2.81*

CLXXX,1   CLXXXI Φ   **CLXXXI,2** Gargaphia F
gargaghia Φ   **7** ne F nec Φ   **8** habitus eius in ceruum Φ
in ceruam F   conuersus est Φ est conuersus F   **10** Ichnobates F *ex Ouid. met. 3.207* ignobates Φ   *post* ignobates
praebent Φ *et* F echnobas, *quod del. Sr*   Pamphagos F
panphagos Φ   Dorceus F *cum Ouid. met. 3.210* dorchaeus Φ
Oribasus F *ex Ouid. met. 3.210* oribatus Φ   **11** Lelaps F *ex*
Ouid. met. 3.211 pelas Φ   ptherelas Φ   ylaeus Φ   Nape Ladon F *ex Ouid. met. 3.211 et 216* napedalon Φ

Poemenis Therodanapis Aura Lacon Harpyia Aello Dro-
mas Thous Canache Cyprius Sticte Labros Arcas Agrio-
dus Tigris Hyletor Alce Harpalus Lycisce Melaneus
15 Lachne Leucon. item tres qui eum consumpserunt femi- 4
nae Melanchaetes Agre Theridamas Oresitrophos. item 5
alii auctores tradunt haec nomina: Acamas Syrum Aeon
Stilbon Agrius Charops Aethon Corus Boreas Draco Eu-
dromus Dromius Zephyrus Lampus Haemon Cyllopodes
20 Harpalicus Machimus Ichneumo Melampus Ocydromus
Borax Ocythous Pachitos Obrimus; feminae Argo Aret- 6
husa Vrania Theriope Dinomache Dioxippe Echione

12 Therodanapis *del. Sr*   arpyia Φ   Aello *Mi* Elion F (*et
sic, ut uidetur,* Φ, *quamquam litterae uix dispici possunt*)   **13** canace Φ   Sticte F *ex Ouid. met. 3.217* stricte Φ   **14** Hyletor
scripsi hiletor Φ Hilactor F *cum Ouid. met. 3.224*   Lycisca *[sic]*
Melaneus F lycis. cemenaleus Φ   **15** Lachne F *ex Ouid. met.
3.222* laedne Φ   eum *Sr* eum gnosius Φ (*uerbum* Gnosius *ex
Ouid. met. 3.208 irrepsisse suspicor*)   **16** Melanchaetes *Mu*
melanchates Φ -oetes F   Theridamas *Sr* Therodamas F (*et* Φ,
quamquam scriptura partim erasa est)   Oresitrophos F *ex Ouid.
met. 3.233* orospitropos Φ   **17** aeon Φ Leon *Rose, quod defendit Grilli*   **18** Stilbon F silbon Φ   Corus *Sr* coran Φ Corax
Mu   **19** Cyllopodes *Sr*   cylopontes Φ   Cyllopotes F
20 Ichneumo Melampus *Grilli* (*partim e Papyro Med. inu. 123*)
igneum. omelimpus Φ Ichneus Omelimpus F Ichneus Melampus *Mu*   **21** Borax Φ Porpax *Grilli*   Ocythous F ocythus Φ
Pachitos F, *quod defendit Grilli* (*litterae euanidae sunt in
Φ) Pachylus *Mu* Tachypus *van Krevelen*   aretysa Φ Aethusa
Grilli   **22** Theriope F tripe Φ

Gorgo Cyllo Harpyia Lynceste Leaene Lycaena Ocypode
Ocydrome Oxyboe Orias Sainon Theriphone Hylaeos
† Chedietros.   25

CLXXXII   OCEANI FILIAE

Oceani filiae Idyia Althaea Adrasta, alii aiunt Melissei fi-
2 lias esse, Iouis nutrices. quae nymphae Dodonides dicuntur (alii Naidas uocant) ⟨...⟩ quarum nomina Cisseis
Nysa Erato Eriphia Dromie Polyhymno; hae in monte 5
Nysa munere alumni potitae sunt, qui Medeam rogauerat, et deposita senectute in iuuenes mutatae sunt, conse-
3 crataeque postea inter sidera Hyades appellantur. alii tradunt uocitatas Arsinoe Ambrosie Bromie Cisseis Coronis.

23 Gyllo *Grilli*   arpyia Φ   Lynceste F   lyncte Φ
Lycaena *scripsi* lycena Φ Lacena F   Ocypode *Grilli, Bunte* (*qui*
etiam Ocypete *excogitauit*) ocypote Φ   **24** Oxyboe *Grilli*
Oxyroe F (*de codice* Φ *nihil adfirmare ausim, cum et hoc et sequen-*
tia duo nomina euanida sint) Oxyrhoe *St*   Oxynoe *Bursian*
Sainon *Grilli*   Sagnos F   Hylaeos *Grilli, Werth*   uolactos Φ
25   *quid   sub   nomine* Chedrietos *lateat   ignotum   est*
CLXXXII,1 CLXXXII Φ *per rasuram* CLXXXIII Φ *man.*
pr.   **2** Idyia *scripsi* ideo et Φ Idothea F   alii alii aiunt *[sic]*
Φ alii dicunt F   Melissei *Mu* melissi Φ   **3** dicuntur Φ
uocantur *mire Rose*   **4** naidas Φ Naiades F   *multa deesse*
docet Mi   **5** dromie Φ Bromiae [*sic*] F   **9** Arsinoe *Grotius*
arsine Φ

CLXXXIII   EQVORVM SOLIS
ET HORARVM NOMINA

Eous; per hunc caelum uerti solet. Aethiops quasi flam-
meus est, qui coquit fruges. hi funales sunt mares. femi- 2
5 nae iugariae, Bronte quae nos tonitrua appellamus, Steropeque quae fulgitrua. huic rei auctor est Eumelus
Corinthius. item quos Homerus tradit, Abraxas † iother 3
beeo †. item quos Ouidius, Pyrois Eous Aethon Phlegon.
Horarum uero nomina haec sunt, Iouis Saturni filii et 4
10 Themidis filiae Titanidis: Auxo Eunomia Pherusa Carpo
Dice Euporie Irene Orthosie Thallo. alii auctores tradunt 5
decem his nominibus, Auge Anatole Musica Gymnastica
Nymphe Mesembria Sponde † elete actem et † Hesperis
Dysis.

CLXXXIII,6 *de hoc Eumelo nihil ap. Jacoby, FGrH, inueniri*
potest   7 *de hoc Homero nihil nouimus*   8 *Ouid. met. 2.153*

CLXXXIII,1 CLXXXIII Φ *per rasuram* CLXXXIIII Φ
man. pr.   3 Eous *Mi* Eos Φ   4 qui coquit Φ concoquit F
5 iugariae *Salmasius* iocariae Φ Locarie F   Bronte F brontes Φ
steropeque Φ *corr. e* sterope   7–8 Soter Bel Iao *Bursian*   8 Pyrois … Phlegon *ex Ouidio* F peropereos. ethion. phlegethon Φ *ante*
Phlegon *addit* et F, *quod eieci*   9 filii F filiae Φ   10 Titanidis
Mu titanaide Φ   Pherusa F ferusa Φ   Carpo Dice *Bursian (duce*
Mi) caria odice Φ   11 Orthosie *Bursian* ortesie Φ   tallo Φ
12 *ante* decem *ras. unius uel potius duarum litterarum in* Φ   Musice
[*sic*] *Bursian* musia Φ   Gymnastice [*sic*] *Bursian* gimnasia Φ
13 Nymphe *Rose* nimphaes Φ   *de uerbis* elete. actem. et *in cod.* Φ
nihil certi erui potest   Hesperis *Rose* hecypris Φ

CLXXXIV PENTHEVS ET AGAVE

Pentheus Echionis et Agaues filius Liberum negauit
deum esse nec mysteria eius accipere uoluit. ob hoc eum
Agaue mater cum sororibus Ino et Autonoe per insaniam
2 a Libero obiectam membratim laniauit. Agaue ut suae 5
mentis compos facta est et uidit se Liberi impulsu tantum
scelus admisisse, profugit ab Thebis; quae errabunda in
Illyriae fines deuenit ad Lycothersen regem, quam Lycot-
herses excepit.

CLXXXV ATALANTA

Schoeneus Atalantam filiam uirginem formosissimam dicitur habuisse, quae uirtute sua cursu uiros superabat. ea
2 petiit a patre ut se uirginem seruaret. itaque cum a pluribus in coniugium peteretur, pater eius simultatem consti- 5
tuit, qui eam ducere uellet prius in certamine cursu cum
ea contenderet, termino constituto, ut ille inermis fuge-
ret, haec cum telo insequeretur; quem intra finem ter-

CLXXXIV,2 *sqq. cf. DSeru. ad Aen. 4.469; Lact. Plac. ad Stat.
Theb. 1.11 et 1.168; schol. ad Persium 1.100*

CLXXXIV,2 Echionis F   hecionis Φ   **4** Autonoe F
autone Φ   **6** et *Mi* ut Φ   **7** admisisse F amisisse Φ *ex*
āmisisse *corr., nisi fallor   ante* thebis *ras. unius litterae in* Φ
quae *scripsi* que Φ atque F   **8** *in uerbo* fines *deficiunt fragmenta cod.* Φ   Licotersen F   Licoterses F   **9** *post* excepit
uerba cum quo Polyphontes ... regnum adeptus est *e fab. 137
inueniuntur* (*u. adn. ad loc.*)   **CLXXXV,6** cursu F, *quod def.
Castiglioni e fab. 273.16* cursus *Rose*

mini consecuta fuisset, interficeret, cuius caput in stadio
10 figeret. plerosque cum superasset et occidisset, nouissime   3
ab Hippomene Megarei et Meropes filio uicta est. hic
enim a Venere mala tria insignis formae acceperat, edoc-
tus quis usus in eis esset. qui in ipso certamine iactando   4
puellae impetum alligauit. illa enim dum colligit et am-
15 miratur aurum, declinauit et iuueni uictoriam tradidit.
cui Schoeneus ob industriam libens filiam suam dedit   5
uxorem. hanc cum in patriam duceret, oblitus beneficio
Veneris se uicisse, grates ei non egit. irata Venere in   6
monte Parnasso cum sacrificaret Ioui Victori, cupiditate
20 incensus cum ea in fano concubuit, quos Iuppiter ob id
factum in leonem et leam conuertit, quibis dii concubitum Veneris denegant.

CLXXXVI   MELANIPPE

Melanippen Desmontis filiam, siue Aeoli ut alii poetae
dicunt, formosissimam Neptunus compressit, ex qua procreauit filios duos. quod cum Desmontes rescisset, Mela-   2
5 nippen excaecauit et in munimento conclusit, cui cibum
atque potum exiguum praestari iussit, infantes autem feris
proici. qui cum proiecti essent, uacca lactens ueniebat ad   3
infantes et ubera praestabat. quod cum armentarii uidissent, tollunt eos ut educarent. interim Metapontus rex   4
10 Icariae a coniuge Theano petebat ut sibi liberos procrea-

---

9 consecuta *Comm* constituta F   **10** figeret *habet* F (*peccat
Rose*)   **19** Parnaso F   **21** leam *Mu*   laeam   F
CLXXXVI,4 rescisset *Bunte* rescisset et F (*cf. fabb. 169A.2 et
201.3*)   **7** lactens F *non* lactans   **10** Lucaniae *Bursian*
Italiae *Wilamowitz*

ret aut regno cederet. illa timens mittit ad pastores ut infantem aliquem explicarent quem regi subderet. qui miserunt duos inuentos, ea regi Metaponto pro suis
5 supposuit. postea autem Theano ex Metaponto peperit
duos. cum autem Metapontus priores ualde amaret, quod 15
formosissimi essent, Theano quaerebat ut eos tolleret et
6 filiis suis regnum seruaret. dies aduenerat ut Metapontus
exiret ad Dianam Metapontinam ad sacrum faciendum.
Theano occasione nacta indicat filiis suis eos suppositi-
cios priores esse: "Itaque cum in uenatione exierint, eos 20
7 cultris interficite." illi autem matris monitu cum in montem exissent, proelium inter se commiserunt. Neptuno
autem adiuuante Neptuni filii uicerunt et eos interfecerunt; quorum corpora cum in regia allata essent, Theano
8 cultro uenatorio se interfecit. ultores autem Boeotus et 25
Aeolus ad pastores ubi educati erant confugerunt; ibi
Neptunus eis indicat ex se esse natos et matrem in custo-
9 dia teneri. qui ad Desmontem peruenerunt eumque interfecerunt et matrem custodia liberarunt, cui Neptunus lu-
men restituit. eam filii perduxerunt in Icariam ad 30
Metapontum regem et indicant ei perfidiam Theanus.
10 post quae Metapontus duxit coniugio Melanippen, eosque sibi filios adoptauit, qui in Propontide ex suo nomine
condiderunt Boeotus Boeotiam, Aeolus Aeoliam.

11 aut *Mi* ut F   **12** extricarent *Bursian*   **19** eos ⟨ueros⟩,
Brakman, sed u. Rose ad loc.   **20** exierint *Comm* exirent F, *quo
recepto* interficere iubet *Mi*   **25** Boeotus *Mu* Boetus F, *et sic
infra*   **30** Lucaniam *Bursian*   **33** sibi F, *quod male om. Rose*
in Propontide *post* Aeoliam *transposuit Wilamowitz*

CLXXXVII   ALOPE

Alope Cercyonis filia formosissima cum esset, Neptunus
eam compressit. qua ex compressione peperit infantem,
quem inscio patre nutrici dedit exponendum. qui cum ex-
5 positus esset, equa uenit et ei lac praestabat. quidam pa-   2
stor equam persecutus uidit infantem atque eum sustulit,
qui ueste regia indutum cum in casam tulisset, alter com-
pastor rogauit ut sibi eum infantem donaret. ille ei do-   3
nauit sine ueste; cum autem inter eos iurgium esset, quod
10 qui puerum acceperat insignia ingenuitatis reposceret,
ille autem non daret, contendentes ad regem Cercyonem
uenerunt et contendere coeperunt. ille autem qui infan-   4
tem donatum acceperat, repetere insignia coepit, quae
cum allata essent, et agnosceret Cercyon ea esse ex ueste
15 scissa filiae suae, Alopes nutrix timens regi indicium fecit
infantem eum Alopes esse, qui filiam iussit ad necem includi, infantem autem proici. quem iterum equa nutri-   5
ebat; pastores iterum inuentum infantem sustulerunt, sen-
tientes eum deorum numine educari, atque nutrierunt,
20 nomenque ei imposuerunt Hippothoum. Theseus cum ea   6
iter faceret a Troezene Cercyonem interfecit; Hippothous
autem ad Theseum uenit regnaque auita rogauit, cui Theseus libens dedit, cum sciret eum Neptuni filium esse,
unde ipse genus ducebat. Alopes autem corpus Neptunus   7
25 in fontem commutauit, qui ex nomine Alopes est cogno-
minatus.

CLXXXVII,6 persequutus F   15 scissa *Iuda Bonutius*
scissae F   regi *habet* F (*errat Rose*)   indicium *Bonutius*
iudicium F   18 infantem F (*male om. Rose*)   20 Hippot-
hoon *Mi*

CLXXXVIII　THEOPHANE

Theophane Bisaltis filia formosissima uirgo. hanc cum
plures proci peterent a patre, Neptunus sublatam transtu-
2 lit in insulam Crumissam. quod cum proci eam scissent
ibi morari, naue comparata Crumissam contendere coe- 5
perunt. Neptunus ut eos deciperet, Theophanen in ouem
commutauit formosissimam, ipse autem in arietem, ciues
3 autem Crumissenses in pecora. quo cum proci uenissent
neque ullum hominem inuenirent, pecora mactare coepe-
4 runt atque ea uictu consumere. hoc Neptunus ut uidit, in 10
pecora commutatos consumi, procos in lupos conuertit;
ipse autem ut erat aries cum Theophane concubuit, ex
quo natus est aries chrysomallus, qui Colchos Phrixum
uexit, quius pellem Aeeta in luco Martis habuit positam,
quam Iason sustulit.   15

CLXXXIX　PROCRIS

Procris Pandionis filia. hanc Cephalus Deionis filius habuit in coniugio; qui cum mutuo amore tenerentur, alter
2 alteri fidem dederunt ne quis cum alio concumberet. Cephalus autem cum studio uenandi teneretur et matutino 5

CLXXXVIII,2 *sqq. cf. schol. ad Germanicum p. 143 ed. Breysig*

CLXXXVIII,2 Bisaltis *Mu* Bysaltidis F Busaltidis *schol.
Germ.*　　4 Cromiusa *Mi, et sic infra* Criunessum *Bursian (duce
Mu)*　　6 Theophanen *Bunte* -nem F　　7 ipse ⟨se⟩ *Sr*
13 Phryxum F　　14 Aeta F　　CLXXXIX,4 dederunt *recte*
F *hariolatur Rose*

tempore in montem exisset, Aurora Tithoni coniunx eum
adamauit, petitque ab eo concubitum, cui Cephalus negauit, quod Procri fidem dederat. tunc Aurora ait, "Nolo   3
ut fallas fidem, nisi illa prior fefellerit." itaque commutat
10 eum in hospitis figuram, atque dat munera speciosa
quae Procri deferret. quod cum Cephalus uenisset immutata specie, munera Procri dedit et cum ea concubuit. tunc
ei Aurora speciem hospitis abstulit. quae cum Cephalum   4
uidisset, sensit se ab Aurora deceptam et inde profugit in
15 Cretam insulam, ubi Diana uenabatur. quam cum Diana
conspexisset, ait ei, "Mecum uirgines uenantur, tu uirgo
non es; recede de coetu." cui Procris indicat casus suos et   5
se ab Aurora deceptam. Diana misericordia tacta dat ei
iaculum, quod nemo euitare posset, et canem Laelapem
20 quem nulla fera effugere posset, et iubet eam ire et cum
Cephalo contendere. ea capillis demptis iuuenili habitu   6
Dianae uoluntate ad Cephalum uenit eumque prouocauit, quem in uenatione superauit. Cephalus ut uidit
tantam potentiam canis atque iaculi esse, petit ab ho-
25 spite, non aestimans coniugem suem esse, ut sibi iaculum
et canem uenderet. illa negare coepit. regni quoque par-   7
tem pollicetur; illa negat. "Sed si utique," ait, "perstas id
possidere, da mihi id quod pueri solent dare." ille amore
iaculi et canis incensus promisit se daturum. qui cum in   8
30 thalamos uenissent, Procris tunicam leuauit et ostendit se
feminam esse et coniugem illius; cum qua Cephalus mu-

---

6 Titoni F   **8** dedederat F (*typothetae, ut uid., errore*)
17 coetu *Mi* (*uel* hoc coetu?) hoc tu F   **21** contendere *Mi*
concedere F   **31** illius F *non* eius

9 neribus acceptis redit in gratiam. nihilo minus illa timens
Auroram matutino tempore secuta eum ut obseruaret, atque inter uirgulta delituit; quae uirgulta cum Cephalus
moueri uidit, iaculum ineuitabile misit et Procrin coniu- 35
10 gem suam interfecit. ex qua Cephalus habuit filium Arcesium, ex quo nascitur Laertes Vlyssis pater.

CXC   THEONOE

Thestor mantis habuit Calchantem filium et Leucippen
filiam et Theonoen, quam ludentem a mari piratae rapuerunt et detulerunt in Cariam; quam rex Icarus sibi in con-
2 cubinatum emit. Thestor autem filia amissa inquisitum 5
profectus est, qui naufragio in terram Cariam uenit, et in
3 uincula est coniectus ibi, ubi et Theonoe morabatur. Leucippe autem patre et sorore amissis, Delphos petit an eorum foret inuestigatio. tum Apollo respondit, "Pro meo
4 sacerdote per terras uade, et eos reperies." Leucippe sorte 10
audita capillos totondit, atque pro iuuene sacerdote circum terras exit inuestigatum. quae cum in Cariam deue-
nisset et Theonoe eam uidisset, aestimans sacerdotem
esse, in amorem eius incidit, iubetque ad se perduci ut
5 cum eo concumberet. illa autem quia femina erat, negat 15
id posse fieri; Theonoe irata iubet sacerdotem includi in
cubiculum atque aliquem ex ergastulo uenire qui sacer-
6 dotem interficeret. quem ad interficiendum mittitur senex Thestor imprudens ad filiam suam; quem Theonoe
non agnouit, datque ei gladium et iubet eum sacerdotem 20

CLXXXIX,36 Arcesium *Mi* Archium F   **CXC,3** quam
Mi quem F   **18** interficeret F (*typothetae, ut uid., errore*)
19 quem *Mi* quam F

interficere. qui cum intrasset et gladium teneret, Thestorem se uocitari dixit; duabus filiis Leucippe et Theonoe
amissis ad hoc exitium uenisse, ut sibi scelus imperare-
tur. quod ille in se cum conuertisset et uellet ipsum se in-   7
25 terficere, Leucippe audito patris nomine gladium ei ex-
torsit; quae ad reginam interficiendam ut ueniret, patrem
Thestorem in adiutorio uocauit; Theonoe patris nomine
audito indicat se filiam esse eius. Icarus autem rex agni-
tione facta cum muneribus eum in patriam remisit.

CXCI   REX MIDAS

Midas rex Mygdonius filius Matris deae a Timo-
lo⟨…⟩sumptus eo tempore quo Apollo cum Marsya uel
Pane fistula certauit. quod cum Timolus uictoriam Apol-
5 lini daret, Midas dixit Marsyae potius dandam. tunc   2
Apollo indignatus Midae dixit, "Quale cor in iudicando
habuisti, tales et auriculas habebis." quibus auditis effecit
ut asininas haberet aures. eo tempore Liber pater cum   3
exercitum in Indiam duceret, Silenus aberrauit, quem
10 Midas hospitio liberaliter accepit atque ducem dedit, qui
eum in comitatum Liberi deduceret. at Midae Liber pater   4
ob beneficium deoptandi dedit potestatem, ut quicquid
uellet peteret a se. ⟨a⟩ quo Midas petiit ut quicquid teti-

---

24 cum ⟨gladium⟩ *Castiglioni*   26 interfaciendam F (*typo-
thetae, ut uid., errore*)   **CXCI,2** Migdonius F   3 *lac. stat.*
Mi   Marsia F   4 Timolus F Tmolus *Mi* (*errat Rose*)
5 Marsiae F   9 exercitum *Mi* exceptum F   10 Midas
Rose Midas exercitum F   13 ⟨a⟩ quo *Wopkens* quo F quod
Rose

gisset aurum fieret. quod cum impetrasset et in regiam
5 uenisset, quicquid tetigerat aurum fiebat. cum iam fame 15
cruciaretur, petit a Libero ut sibi speciosum donum eripe-
ret; quem Liber iussit in flumine Pactolo se abluere,
cuius corpus aquam cum tetigisset, facta est colore aureo;
quod flumen nunc Chrysorrhoas appellatur in Lydia.

CXCII HYAS

Atlas ex Pleione siue Oceanitide duodecim filias habuit
et filium Hyantem, quem ab apro uel leone occisum dum
2 lugent sorores, ab eo luctu consumptae sunt. ex his quinque primae inter sidera relatae locum habent inter cornua 5
Tauri, Phaesyla Ambrosia Coronis Eudora Polyxo, quae a
fratris nomine appellantur Hyades; easdem Latine Sucu-
3 las uocant. quidam aiunt in modum Y litterae positas
inde Hyades dici; nonnulli quod cum oriantur pluuias ef-
ficiunt (est autem Graece hyin pluere); sunt qui existi- 10
ment ideo has in sideribus esse quod fuerint nutrices Liberi patris, quas Lycurgus ex insula Naxo ediderat.
4 ceterae sorores postea luctu consumptae sidera facta sunt,
et quia plures essent Pleiades dictae. nonnulli existimant
ita nominatas quia inter se coniunctae, quod est plesion; 15
adeo autem confertae sunt ut uix numerentur, nec un-

CXCII,2 *sqq. cf. schol. ad Germanicum p. 75 ed. Breysig*

CXCII,2 siue ⟨ex Aethra⟩ *Mi*   **10** *Graecas mauult litteras Mi, ut etiam infra*   **16** adeo *Barthius* ideo F   ita *Mi*   autem F *non* enim

quam ullius oculis certum est sex an septem existimen-
tur. earum nomina haec sunt: Electra Alcyone Celaeno   5
Merope Sterope Taygeta et Maia, ex quibus Electram ne-
20 gant apparere propter Dardanum amissum Troiamque
sibi ereptam; alii existimant Meropen conspici erube-
scere quia mortalem uirum acceperit, cum ceterae deos
haberent; ob eamque rem de choro sororum expulsa mae-   6
rens crinem solutum gerit, quae cometes appellatur siue
25 longodes, quia in longitudinem producitur, siue xiphias
quia gladii mucronis effigiem producit; ea autem stella
luctum portendit.

CXCIII   HARPALYCVS

Harpalycus rex Amymneorum Thrax cum haberet filiam
Harpalycen, amissa matre eius uaccarum equarumque
eam uberibus nutriuit et crescentem armis exercuit, habi-
5 turus successorem regni sui postmodum; nec spes paternas puella decepit; nam tantum bellatrix euasit ut etiam
saluti fuerit parenti. nam reuertens a Troia Neoptolemus   2
cum expugnaret Harpalycum grauique eum uulnere affe-
cisset, illa periturum patrem impetu facto conseruauit, fu-
10 gauitque hostem. sed postea Harpalycus per seditionem   3
ciuium interfectus est. Harpalyce grauiter tum ferens patris mortem contulit se in siluas, ibique uastando iumen-
torum stabula, tandem concursu pastorum interiit.

18 Alcione F   Celeno F   **19** Electram F *non* Electren
21 Meropen *Mu* -pem F   conspici *Mi* conspicere F   **25** *hoc*
est λογχώδης, *ut uidit Mi*   xiphias *Sr*   xifax F
CXCIII,2 Harpalicus F *et sic infra*   **3** Harpalicen F *et sic*
infra   **11** ciuiuium F (*typothetae, ut suspicor, errore*)   tum F
(*male om. Rose*)

CXCIV   ARION

Arion Methymnaeus cum esset arte citharae potens, rex
Pyranthus Corinthius eum dilexit; qui cum a rege petiisset per ciuitates artem suam illustrare et magnum patri-
monium acquisisset, consenserunt famuli cum nautis ut 5
2 eum interficerent. cui Apollo in quietem uenit eique dixit
ut ornatu suo et corona decantaret et eis se traderet qui ei
praesidio uenissent. quem cum famuli et nautae uellent
3 interficere, petit ab eis ut ante decantaret. cum autem citharae sonus et uox eius audiretur, delphini circa nauem 10
uenerunt, quibus ille uisis se praecipitauit, qui eum sublatum attulerunt Corinthum ad regem Pyranthum. qui cum
ad terram exisset, cupidus uiae delphinum in mare non
4 propulit, qui ibi exanimatus est. qui cum casus suos Py-
rantho narrasset, iussit Pyranthus delphinum sepeliri et ei 15
monimentum fieri. post paucum tempus nuntiatur Py-
rantho nauem Corinthum delatam tempestate in qua
5 Arion uectatus fuerat. quos cum perduci ad se imperasset
et de Arione inquireret, dixerunt eum obisse et eum sepulturae tradidisse. quibus rex respondit "Crastino die ad 20
6 delphini monimentum iurabitis." ob id factum eos custo-
diri imperauit atque Arionem iussit ita ornatum quomodo se praecipitauerat in monimento delphini mane de-
7 litescere. cum autem rex eos adduxisset iussissetque eos

CXCIV,2 *sqq. cf. schol. ad Germanicum p. 165 ed. Breysig*

CXCIV,4 ciuitates *Mu, tum* ⟨alias⟩ ciuitatem F ut ciuitates
arte sua illustraret *schol. Germ.*   **20** ⟨se⟩ *post* tradidisse *Sr
post* eum *Rose*   **24** eos[2] F (*neglegenter om. Rose*)

25 per delphini manes iurare Arionem obisse, Arion de monimento prodit; quod illi stupentes qua diuinitate serua-
tus esset, obmutuerunt. quos rex iussit ad delphini moni-   8
mentum crucifigi. Apollo autem propter artem citharae
Arionem et delphinum in astris posuit.

CXCV   ORION

Iouis Neptunus Mercurius in Thraciam ad Hyrieum regem in hospitium uenerunt; qui ab eo cum liberaliter essent excepti, optionem ei dederunt si quid peteret. ille li-
5 beros optauit. Mercurius de tauro quem Hyrieus ipse eis   2
immolarat corium protulit; illi in eum urinam fecerunt et
in terram obruerunt, unde natus est Orion. qui cum Dia-   3
nam uellet uiolare, ab ea est interfectus. postea ab Ioue in
stellarum numerum est relatus, quam stellam Orionem
10 uocant.

CXCVI   PAN

Dii in Aegypto cum Typhonis immanitatem metuerent,
Pan iussit eos ut in feras bestias se conuerterent quo faci-
lius eum deciperent; quem Iouis postea fulmine interfe-
5 cit. Pan deorum uoluntate, quod eius monitu uim Typho-   2

CXCV,2 *sqq. cf. Lact. Plac. ad Stat. Theb. 3.27; 7.256*

28 cytherae F   **CXCV,2** Hyrieum *Heinsius* (Hyreum *iam*
Mi) Byrseum F   **5** Hyrieus ipse eis *Gronouius* (eis immolaue-
rat *Lact. Plac.*) Hercules Ypseo ei F Hyrieus ipsis *Mu*

nis euitarant, in astrorum numerum relatus, et quod se in capram eo tempore conuerterat, inde Aegoceros est dictus, quem nos Capricornum dicimus.

CXCVII VENVS

In Euphratem flumen de caelo ouum mira magnitudine cecidisse dicitur, quod pisces ad ripam euoluerunt, super quod columbae consederunt et excalfactum exclusisse Venerem, quae postea dea Syria est appellata; ea iustitia 5 et probitate cum ceteros exsuperasset, ab Ioue optione data pisces in astrorum numerum relati sunt, et ob id Syri pisces et columbas ex deorum numero habent nec edunt.

CXCVIII NISVS

Nisus Martis filius, siue ut alii dicunt Deionis filius, rex Megarensium, in capite crinem purpureum habuisse dicitur; cui responsum fuit tam diu eum regnaturum quam 2 diu eum crinem custodisset. quem Minos Iouis filius op- 5 pugnatum cum uenisset, a Scylla Nisi filia Veneris impulsu est amatus, quem ut uictorem faceret, patri dor-

---

CXCVII,2 *sqq. cf. schol. ad Germanicum pp. 81 et 145 ed. Breysig*   CXCVIII,6 *sqq. cf. Lact. Plac. ad Stat. Theb. 1.333*

CXCVI,7 Aegoceros F *non* -cerus   CXCVII,2 Euphratem F *non* -ten   3 quod *Mi* quem F   5 ea *Mu* et F 6 ab *Sr* et ab F ei ab *Mu*   8 habent nec *Mu* habent non F habentes non *Rose*   CXCVIII,4 resposum F (*typothetae errore?*)

mienti fatalem crinem praecidit. itaque Nisus uictus a
Minoe est. cum autem Minos Cretam rediret, eum ex fide   3
10 data rogauit ut secum aueheret; ille negauit Creten
sanctissimam tantum scelus recepturam. illa se in mare
praecipitauit, ne persequeretur. Nisus autem dum filiam   4
persequitur in auem haliaeton, id est aquilam marinam
conuersus est, Scylla filia in piscem cirim quem uocant,
15 hodieque si quando ea auis eum piscem natantem conspexerit, mittit se in aquam raptumque unguibus dilaniat.

CXCIX   SCYLLA ALTERA

Scylla Crataeidis fluminis filia uirgo formosissima dicitur
fuisse. hanc Glaucus amauit, Glaucum autem Circe Solis
filia. Scylla autem cum assueta esset in mari lauari, Circe   2
5 Solis filia propter zelum medicamentis aquam inqui-
nauit, quo Scylla cum descendisset, ab inguinibus eius
canes sunt nati atque ferox facta; quae iniurias suas exse-
cuta est; nam Vlyssem praenauigantem sociis spoliauit.

CC   CHIONE

Cum Chione, siue ut alii poetae dicunt Philonide, Daeda-
lionis filia Apollo et Mercurius una nocte concubuisse
dicitur. ea peperit ex Apolline Philammonem, ex Mer-

---

12 ne persequeretur F ne relinqueretur *Castiglioni* ut persequeretur *Cipriani*   15 conspexerit F   *non* conspexit
CXCIX,2 Crataeidis *Mi* Cratetis F   CC,4 dicuntur *Bursian,
fort. recte*

2 curio Autolycum. quae postea in uenatione in Dianam 5
est locuta superbius; itaque ab ea sagittis est interfecta.
at pater Daedalion unicam filiam flendo ab Apolline
est conuersus in auem daedalionem, id est accipitrem.

CCI AVTOLYCVS

Mercurius Autolyco, ex Chione quem procreauerat, muneri dedit ut furacissimus esset nec deprehenderetur in
furto, ut quicquid surripuisset, in quamcunque effigiem
uellet, transmutaretur, ex albo in nigrum uel ex nigro in 5
2 album, in cornutum ex mutilo, in mutilum ex cornuto. is
cum Sisyphi pecus assidue inuolaret nec ab eo posset deprehendi, sensit eum furtum sibi facere, quod illius nu-
3 merus augebatur et suus minuebatur. qui ut eum depre-
henderet, in pecorum ungulis notam imposuit. qui cum 10
solito more inuolasset et Sisyphus ad eum uenisset, pecora sua ex ungulis deprehendit quae ille inuolauerat
4 et abduxit. qui cum ibi moraretur, Sisyphus Anticliam
Autolyci filiam compressit, quae postea Laertae data
est in coniugium, ex qua natus est Vlysses. ideo nonnulli 15
auctores dicunt Sisyphium. ob hoc Vlysses uersutus
fuit.

CCI,11 uenisset *Sr* uenisset et F (*cf. fabb. 169A.2*; *186.2*;
197) **16** Sisyphium *Mi* (*Graecas mauult litteras Rose*)
Ypsipylon F

CCII   CORONIS

Apollo cum Coronida Phlegyae filiam grauidam fecisset,
coruum custodem ei dedit, ne quis eam uiolaret. cum ea
Ischys Elati filius concubuit; ob id ab Ioue fulmine est in-
5 terfectus. Apollo Coronidem grauidam percussit et inter- 2
fecit; cuius ex utero exsectum Asclepium educauit, at coruum, qui custodiam praebuerat, ex albo in nigrum
commutauit.

CCIII   DAPHNE

Apollo Daphnen Penei fluminis filiam cum uirginem persequeretur, illa a Terra praesidium petit, quae eam recepit in se et in arborem laurum commutauit. Apollo inde
5 ramum fregit et in caput imposuit.

CCIV   NYCTIMENE

Nyctimene Epopei regis Lesbiorum filia uirgo formosissima dicitur fuisse. hanc Epopeus pater amore incensus
compressit, quae pudore tacta siluis occultabatur. quam
5 Minerua miserata in noctuam transformauit, quae pudo-
ris causa in lucem non prodit sed noctu paret.

CCII,2 *sqq. cf. Lact. Plac. ad Stat. Theb. 3.506*

CCII,2 Phlegiae F   **4** Ischys *Mi*   et Chylus F
CCIII,2 Penaei F   uirginem cum *Rose, haud male*
CCIV,6 paret *Barthius* patet F

CCV   ARGE

Arge uenatrix cum ceruum sequeretur, ceruo dixisse fer-
tur, "Tu licet solis cursum aequaris, tamen te consequar."
Sol iratus in ceruam eam conuertit.

CCVI   HARPALYCE

Clymenus Schoenei filius rex Arcadiae amore captus cum
Harpalyce filia sua concubuit. ea cum peperisset, in epulis filium apposuit patri; Clymenus pater re cognita Harpalycen interfecit.   5

CCVII…CCXVIII   *non inueniuntur*

CCXIX   ARCHELAVS

Archelaus Temeni filius exul a fratribus eiectus in Mace-
doniam ad regem Cisseum uenit, qui cum a finitimis op-
pugnaretur, Archelao regnum et filiam in coniugium dare
pollicetur si se ab hoste tutatus esset Archelaus, quia ab 5
Hercule esset oriundus; nam Temenus Herculis filius

CCVII–CCXVIII *fortasse de fab. 214 sumptus est locus ap.
Lact. Plac. ad Stat. Theb. 7.341; item de fab. 218 ap. eundem ad
Stat. Theb. 4.223*

CCV,3 aequaris *Castiglioni* sequaris F   **CCVI,1** Harpalice F, *et sic infra*   **4** filium *Mu* filiam F   **CCXIX,2** Temeni *Mu* Timeni F, *et sic infra*

fuit. qui hostes uno proelio fugauit et ab rege pollicita pe- 2
tit. ille ab amicis dissuasus fidem fraudauit eumque per
dolum interficere uoluit. itaque foueam iussit fieri et 3
10 multos carbones eo ingeri et incendi et super uirgulta te-
nuia poni, quo cum Archelaus uenisset ut decideret. hoc 4
regis seruus Archelao patefecit; qui re cognita dicit se
cum rege colloqui uelle secreto; arbitris semotis Archelaus regem arreptum in foueam coniecit atque ita eum
15 perdidit. inde profugit ex responso Apollinis in Macedo- 5
niam capra duce, oppidumque ex nomine caprae Aegeas
constituit. ab hoc Alexander Magnus oriundus esse dicitur.

CCXX   CVRA

Cura cum quendam fluuium transiret, uidit cretosum lu-
tum, sustulit cogitabunda et coepit fingere hominem.
dum deliberat secum quidnam fecisset, interuenit Iouis;
5 rogat eum Cura ut ei daret spiritum, quod facile ab Ioue
impetrauit. cui cum uellet Cura nomen suum imponere, 2
Iouis prohibuit suumque nomen ei dandum esse dixit.
dum de nomine Cura et Iouis disceptarent, surrexit et
Tellus suumque nomen ei imponi debere dicebat, quan-
10 doquidem corpus suum praebuisset. sumpserunt Satur- 3
num iudicem; quibus Saturnus aequus uidetur iudicasse:
"Tu Iouis quoniam spiritum dedisti⟨...⟩corpus recipito.

8 disuasus F   **CCXX,6** cui *Mi* qui F   **11** aequus
Bernays secus F, *quod defendit Mu* ⟨non⟩ secus *Terzaghi* secum
contemplatus *Rose*   **12** ⟨animam post mortem accipe; Tellus
quoniam corpus praebuit⟩ *exempli gratia suppl. Rose*

Cura quoniam prima eum finxit, quamdiu uixerit Cura
eum possideat; sed quoniam de nomine eius controuersia
est, homo uocetur quoniam ex humo uidetur esse factus." 15

CCXXI   SEPTEM SAPIENTES

Pittacus Mitylenaeus, Periander Corinthius, Thales Mile-
sius, Solon Atheniensis, Chilon Lacedaemonius, Cleobulus Lindius, Bias Prieneus. sententiae eorum sunt:

2   Optimus est, Cleobulus ait, modus, incola Lindi;   5
       ex Ephyre Periandre doces, Cuncta emeditanda;
       Tempus nosce, inquit Mitylenis Pittacus ortus;
       Plures esse malos Bias autumat ille Prieneus;
       Milesiusque Thales Sponsori damna minatur;
       Nosce, inquit, tete, Chilon Lacedaemone cretus;   10
       Cepcropiusque Solon Ne quid nimis induperauit.

CCXXII   SEPTEM LYRICI *desideratur*

CCXXIII   SEPTEM OPERA MIRABILIA

Ephesi Dianae templum quod fecit Amazon Otrera Mar-
2 tis coniunx. monimentum regis Mausoli lapidibus lychni-
3 cis, altum pedes LXXX, circuitus pedes MCCCXL. Rhodi

CCXXI,2 Mityleneus F   **6** emeditanda *dubitanter scripsi*
et meditanda F ut meditanda *Mu*   **11** induperauit *Sr* -bit F
CCXXIII,2 Otrera *Mu* Otrira F, *ut etiam fab. 30.10*   **3** monimentum *Mi* muni- F

5 signum Solis aeneum, id est colossus, altus pedibus XC.
signum Iouis Olympii, quod fecit Phidias ex ebore et auro 4
sedens, pedes LX. domus Cyri regis in Ecbatanis, quam 5
fecit Memnon lapidibus uariis et candidis uinctis auro.
murus in Babylonia, quem fecit Semiramis Dercetis filia 6
10 latere cocto et sulphure ferro uinctum, latum pedes XXV
altum pedes LX in circuitu stadiorum CCC. pyramides in 7
Aegypto, quarum umbra non uidetur, altae pedes LX.

CCXXIV   QVI FACTI SVNT EX MORTALIBVS

IMMORTALES

Hercules Iouis et Alcumenae filius; Liber Iouis et Semelae filius; Castor et Pollux Helenae fratres, Iouis et Ledae
5 filii. Perseus Iouis et Danaes filius in stellas receptus; Ar- 2
cas Iouis et Callisto filius in stellas relatus; Ariadnen Liber pater Liberam appellauit, Minois et Pasiphaes filiam;
Callisto Lycaonis filia in Septentrionem relata; Cynosura 3
Iouis nutrix in alterum Septentrionem; Asclepius Apolli- 4
10 nis et Coronidis filius; Pan Mercurii et Penelopes filius;
Crotos Panis et Euphemes filius conlactius Musarum in
stellam Sagittarium; Icarus et Erigone Icari filia in stellas, Icarus in Arcturi, Erigone in Virginis signum; Gany- 5
medes Assaraci filius in Aquario duodecim signorum;

CCXXIV,6 Calysto F   Ariadnen *Mu* -nem F   **7** Pasi-
phes F   **8** Calysto F   Licaonis F   **9–10** Asclepius ... Penelopes *tum* Ino ... Palaemonem *ad finem capituli transtulit Rose,
ut melius ordinem seruaret; cui non adsentior*   **10** Coronidis *Mi*
Cronidis F   **11** Crotus [*sic*] *Mi* Croton F

Ino Cadmi filia in Leucotheam, quam nos matrem Matu- 15
tam dicimus; Melicertes Athamantis filius in deum Palaemonem. Myrtilus Mercurii et Theobules filius in He-
niocho.

CCXXV   QVI PRIMA TEMPLA DEORVM
CONSTITVERUNT

Aedem Ioui Olympio primum fecit Pelasgus Triopae filius in Arcadia. Thessalus templum quod est in Macedonia Iouis Dodonaei in terra Molossorum. Eleuther primus 5
simulacrum Liberi patris constituit et quemadmodum
2 coli deberet ostendit. Phoroneus Inachi filius templum
Argis Iunoni primus fecit. Otrera Amazon Martis coniunx templum Dianae Ephesi prima fecit, quod postea a
rege⟨...⟩restituerunt. Lycaon Pelasgi filius templum Mer- 10
curio Cyllenio in Arcadia fecit. Pierius⟨...⟩

CCXXVI *ad* CCXXXVII   *desunt*

CCXXV,7 *cf. Lact. Plac. ad Stat. Theb. 1.252*   **CCXXVI**
ad **CCXXXVII** *ad fab. 226 cf. schol. Vallicell. p. 136 ed. Whatmough, ubi de Leda fabula inuenitur*

15 Leucotheam *Mu*   -thoam   F   **17** Eniocho   F
CCXXV,4 quod ... Macedonia *ut glossema del. St, uel post* Li-
beri patris *transtulit*   **7** deberet F *non* debere   **8** Otrera *Mu*
Otrira F   **10** *lac. stat. Mi hic et in u.* **11**

CCXXXVIII   QVI FILIAS SVAS OCCIDERVNT

Agamemnon Atrei filius Iphigeniam, quam Diana seruauit. idem Callisthenem Euboeae filiam ex sortibus pro patriae salute. Clymenus Schoenei filius Harpalycen, quod
5 ei filium suum in epulis apposuit. Hyacinthus Spartanus 2
Antheidem filiam ex responso pro Atheniensibus. Erechtheus Pandionis filius Chthoniam ex sortibus pro Atheniensibus; reliquae ipsius sorores ipsae se praecipitauerunt. Cercyon Vulcani filius Alopen propter incestum 3
10 cum Neptuno. Aeolus Canacen propter incestum cum fratre Macareo admissum.

CCXXXIX   MATRES QVAE FILIOS INTERFECERVNT

Medea Aeetae filia Mermerum et Pheretem filios ex Iasone. Progne Pandionis filia Ityn ex Tereo Martis filio.
5 Ino Cadmi filia Melicerten ex Athamante Aeoli filio dum
eum fugit. Althaea Thestii filia Meleagrum ex Oeneo Par- 2
thaonis filio, quod is auunculos suos occiderat. Themisto

CCXXXVIII,3 idem *Sr* id est F *del. Mi, qui tum* Callisthe-
nes *habet*; *uerba* idem ... salute *male inducta puto, sed unde uel
quo saeculo, nescio*   4 Climenus F   Schoenei *Mi* Oenei F
Harpalycen *Mu* -licem F   5 Spartanus Antheidem (Anth.
iam *Mu*) *St* Spariantidem F   6 Erechtheus *Mu* Erichtheus F
7 Chthoniam *Mu* Colophoniam F   9 Cercion F   Alopen
Mu   -pem   F   **10**   Canacen   *Mu*   -cem   F
CCXXXIX,3 Mermerum *Mu* Macareum F   Pheretem *Bunte*
-tum F   4 Ityn *Mi* Ytin F

Hypsei filia Sphincium et Orchomenum ex Athamante
Aeoli filio impulsu Inus Cadmi filiae. Tyro Salmonei filia
3 duos ex Sisypho Aeoli filio ex responso Apollinis. Agaue 10
Cadmi filia Pentheum Echionis filium impulsu Liberi patris. Harpalyce Clymeni filia propter impietatem patris
quod cum eo inuita concubuerat, ex eo quem conceperat
interfecit.

CCXL QVAE CONIVGES SVOS OCCIDERVNT

Clytaemnestra Thestii filia Agamemnonem Atrei filium.
Helena Iouis et Ledae filia Deiphobum Priami filium.
Agaue Lycothersen in Illyria, ut regnum Cadmo patri
2 daret. Deianira Oenei filia Herculem Iouis et Alcume- 5
nae filium impulsu Nessi. Iliona Priami filia Polymnestorem regem Thracum. Semiramis Ninum regem in
Babylonia.

CCXLI QVI CONIVGES SVAS OCCIDERVNT

Hercules Iouis filius Megaram Creontis filiam per insaniam. Theseus Aegei filius Antiopam Amazonam Martis
filiam ex responso Apollinis. Cephalus Deionis siue Mercurii filius Procridem Pandionis filiam imprudens.   5

---

8 Sphincium *Mi* Plinthium F   **9** Tyro *Sr* Tyros F
12 Harpalice F   **CCXL,4** Lycothersen *Comm* Lycorthersen
F   **CCXLI,2** Megaram *Mu* Megeram F

CCXLII   QVI SE IPSI INTERFECERVNT

Aegeus Neptuni filius in mare se praecipitauit, unde Aegeum pelagus est dictum. Euenus Herculis filius in flumen Lycormam se praecipitauit, quod nunc Chrysorrhoas
5 appellatur. Aiax Telamonis filius ipse se interfecit propter
armorum iudicium. Lycurgus Dryantis filius obiecta insa- 2
nia a Libero ipse se interfecit. Macareus Aeoli filius propter Canacen sororem, id est sponsam, ipse se interfecit.
Agrius Parthaonis filius expulsus a regno a Diomede ipse
10 se interfecit. Caeneus Elati filius ipse se interfecit. Me- 3
noeceus Iocastes pater se de muro praecipitauit Thebis
propter pestilentiam. Nisus Martis filius crine fatali
amisso ipse se interfecit. Clymenus Schoenei filius rex 4
Arcadiae ipse se interfecit quod cum filia concubuerat.
15 Cinyras Paphi filius rex Assyriorum, quod cum Smyrna
filia concubuerat. Hercules Iouis filius ipse sese in ignem
misit. Adrastus et Hipponous eius filius ipsi se in ignem 5
iecerunt ex responso Apollinis. Pyramus in Babylonia ob
amorem Thisbes ipse se occidit. Oedipus Laii filius prop-
20 ter Iocasten matrem ipse se occidit ablatis oculis.

CCXLII,2 *sq. cf. DSeru. ad Aen. 3.74*

CCXLII,2 Aegeum *Mi* Aegeus F   3 Euhenus F   7 interfecit *Sr* -ficit F   **10** *post* filius *lac. stat. St*   Menoeceus *Sr*
Moenicus F   **11** Thebis *Mi* Athenis F   **13** Schoenei *St*
Caenei F   **19** Thisbes *Mu*   Thyspes F   Laii *Mu*   Lai F
20 Iocasten *Bunte* -tem F

CCXLIII QVAE SE IPSAE INTERFECERVNT

Hecuba Cissei filia, siue Dymantis, uxor Priami, in mare
se praecipitauit, unde Cyneum mare est dictum, quoniam
in canem fuerat conuersa. Ino Cadmi filia in mare se
praecipitauit cum Melicerte filio. Anticlia Autolyci filia 5
mater Vlyssis nuntio falso audito de Vlysse ipsa se inter-
2 fecit. Stheneboea Iobatis filia, uxor Proeti, propter amorem Bellerophontis. Euadne Phylaci filia propter Capa-
neum coniugem qui apud Thebas perierat in eandem
pyram se coniecit. Aethra Pitthei filia propter filiorum 10
3 mortem ipsa se interfecit. Deianira Oenei filia propter
Herculem, decepta a Nesso quod ei tunicam miserat in
qua conflagrauit. Laodamia Acasti filia propter desiderium Protesilai mariti. Hippodamia Oenomai filia uxor
4 Pelopis quod eius suasu Chrysippus occisus est. Neaera 15
Autolyci filia propter Hippothoi filii mortem. Alcestis Peliae filia propter Admetum coniugem uicaria morte obiit.
5 Iliona Priami filia propter casus parentum suorum. Themisto Hypsei filia, impulsu Inus quod filios suos occidit.
Erigone Icari filia propter interitum patris suspendio se 20
necauit. Phaedra Minois filia propter Hippolytum priui-
6 gnum suum suspendio se necauit ob amorem. Phyllis
propter Demophoonta Thesei filium ipsa se suspendio necauit. Canace Aeoli filia propter amorem Macarei fratris

CCXLIII,2 Dimantis F   **3** Cynaeum F   **5** Melicerte
Mu -to F   **7** Stheneboea *Rose* Stenoboea F   **8** Philaci F
Capanaeum F   **10** Pitthei *Mu* Pithei F   **14** Oenomai *Mi*
Oenei F   **15** Neaera *St* Megera F   **16** Peliae *Mu* Pelei F
22 Phillis F

25 ipsa se interfecit. Byblis Mileti filia propter amorem
Cauni fratris ipsa se interfecit. Calypso Atlantis filia prop- 7
ter amorem Vlyssis ipsa se interfecit. Dido Beli filia propter Aeneae amorem se occidit. Iocasta Menoecei filia
propter interitum filiorum et nefas. Antigona Oedipodis 8
30 filia propter sepulturam Polynicis. Pelopia Thyestis filia
propter scelus patris. Thisbe Babylonia propter Pyramum,
quod ipse se interfecerat. Semiramis in Babylonia equo
amisso in pyram se coniecit.

CCXLIV   QVI COGNATOS SVOS OCCIDERVNT

Theseus Aegei filius Pallantem⟨...⟩ filium Nelei fratris.
Amphitryon Electryonem Persei filium. Meleager Oenei filius auunculos suos Plexippum et Agenorem propter Ata-
5 lantam Schoenei filiam. Telephus Herculis filius Hippo- 2
thoum et ⟨Cephea⟩ Neaerae auiae suae filios. Aegisthus
Atreum et Agamemnonem Atrei filium. Orestes Aegisthum Thyestis filium. Megapenthes Proeti filius Per- 3
seum Iouis et Danaes filium propter patris mortem. Abas
10 propter patrem Lynceum Megapenthem occidit. Phegeus
Alphei filius Alphesiboeae filiae suae filiam. Amphion 4
Terei filius aui sui filios. Atreus Pelopis filius Tantalum

28 Menoecei *Stav*   -ci F   **30** Polynicis *Mu*   -ces F
Pelopia *Bunte*   Pelopea F   Pelopeia *Comm*   Thiestis F
CCXLIV,2 *lac. stat. Mu*   Nelei *Mu* Nilei F   **3** Persei *Mi*
Persi F   **4** Athalantam F   **6** *suppl. Bursian*   Neaerae *St*
Nerea F   **7** filium *St* filios F   **8** Thiestis F   **10** Mega-
penthem *Sr* -theum F   Phegaeus F

et Plisthenem Thyestis filios infantes in epulis Thyesti apposuit. Hyllus Herculis filius Sthenelum Electryonis pro-
5 aui sui fratrem. Medus Aegei filius Persen Aeetae fratrem 15
Solis filium. Daedalus Eupalami filius Perdicem sororis
suae filium propter artificii inuidiam.

CCXLV   QVI SOCEROS ET GENEROS
OCCIDERVNT

Iason Aesonis filius⟨…⟩ † Phlegyonam. Pelops Tantali fi-
2 lius Oenomaum Martis filium. Qui generos suos occiderunt: Phegeus Alphei filius Alcmaeonem Amphiarai fi- 5
lium; idem et Eurypylum; Aeeta Solis filius Phrixum
Athamantis filium.

CCXLVI   QVI FILIOS SVOS IN EPVLIS
CONSVMPSERVNT

Tereus Martis filius ex Progne Ityn. Thyestes Pelopis ex
Aerope Tantalum et Plisthenem. Clymenus Schoenei filius ex Harpalyce filia filium suum.   5

13 Thiestis F   Thiesti F   **14** Hillus [*sic*] *Mi* Phillus F
Electrionis   F   **16**   Perdicem   *Comm*   -cen   F
CCXLV,3 *lac. stat. Mu* ⟨Aeetam Solis filium, Apollo Coroni-
dis patrem⟩ Phlegyam *Bursian*   **5** Phegeus *Bunte* Phlegeus
F   **6** ⟨Hercules Iouis filius Eurytum⟩; idem *Bursian*
Eurypilum F   Phryxum F   **CCXLVI,3** Ityn *Mi* Ytin F
Thiestes F   **4** Climenus F   **5** Harpalice F

CCXLVII   QVI A CANIBVS CONSVMPTI SVNT

Actaeon Aristaei filius. Thasius Delo, Anii sacerdotis
Apollinis filius; ex eo Delo nullus canis est. Euripides tragoediarum scriptor in templo consumptus est.

CCXLVIII   QVI AB APRO PERCVSSI
INTERIERVNT

Adonis Cinyrae filius. Ancaeus Lycurgi filius a Calydo-
nio. Idmon Apollinis filius, qui stramentatum exierat
5 cum Argonautis apud Lycum regem. Hyas ab apro uel
leone, Atlantis et Pleiones filius.

CCXLIX   FACES SCELERATAE

Facem quam sibi uisa est parere Hecuba Cissei filia siue
Dymantis. Nauplii ad saxa Capharea, cum naufragium
Achiui fecerunt. Helenae quam de muris ostendit et Tro-
5 iam prodidit. Althaeae quae Meleagrum occidit.

CCXLVII,2 Aristhei F   Thasus *Mi*   Delo Anii *Mu*
Deloami F   **4** *ante* in *lac. stat. Sr uerba* in t. c. est *post* Apollinis filius *transposuit Mu*   **CCXLVIII,3** Cynyrae F
4 stramentatum *Mu ad fab. 14* extra metam F   **5** Hyas
Mi Hyon F   **6** Pleiones *Mu* -nis F   **CCXLIX,3** Capharea *Mu, cum Propert. 3.7.39* Capheraea F Capherea *Rose*

CCL QVAE QVADRIGAE RECTORES SVOS
PERDIDERVNT

Phaethonta Solis filium ex Clymene. Laomedonta Ili filium ex Leucippe. Oenomaum Martis filium ex Asterie
2 Atlantis filia. Diomedem Martis filium ex eadem. Hippo- 5
lytum Thesei filium ex Antiope Amazone. Amphiaraum
3 Oiclei filium ex Hypermnestra Thestii filia. Glaucum Sisyphi filium ludis funebribus Peliae equae suae consumpserunt. Iasionem Iouis filium ex Electra Atlantis filia.
Salmoneus, qui fulmina in quadrigas sedens imitabatur, 10
cum quadriga fulmine ictus.

CCLI QVI LICENTIA PARCARVM
AB INFERIS REDIERVNT

Ceres Proserpinam filiam suam quaerens. Liber pater ad
Semelen matrem suam Cadmi filiam descendit. Hercules
2 Iouis filius ad canem Cerberum educendum. Asclepius 5
Apollinis et Coronidis filius. Castor et Pollux Iouis et Ledae filii alterna morte redeunt. Protesilaus Iphicli filius
3 propter Laodamiam Acasti filiam. Alcestis Peliae filia
propter Admetum coniugem. Theseus Aegei filius propter
Pirithoum. Hippolytus Thesei filius uoluntate Dianae, 10

CCL,2 perdiderunt *Sr ex Indice* prod- *hic* F **3** Phaetonta
F Climene F **4** Asteriae F **5** Martis *Sr* Atlantis F
eadem *corruptum suspicatur Bunte* (*certe inauditum est*) **7** Hypermnestra *Mu* Clytemnestra F **8** Peliae *Sr* Pelian F
9 Iasionem *Sr* Iasonem F **10** quadriga *Scioppius*
CCLI,4 Semelē F **6** Laedae F **8** Peliae *Mu* Pelei F

qui postea Virbius est appellatus. Orpheus Oeagri filius
propter Eurydicen coniugem suam. Adonis Cinyrae et 4
Zmyrnae filius uoluntate Veneris. Glaucus Minois filius
restitutus a Polyido Coerani filio. Vlysses Laertae filius
15 propter patriam. Aeneas Anchisae filius propter patrem.
Mercurius Maiae filius assiduo itinere.

CCLII   QVI LACTE FERINO NVTRITI SVNT

Telephus Herculis et Auges filius ab cerua. Aegisthus
Thyestis et Pelopiae filius ab capra. Aeolus et Boeotus
Neptuni et Menalippes filii a uacca. Hippothous Neptuni 2
5 et Alopes filius ab equa. Romulus et Remus Martis et
Iliae filii ab lupa. Antilochus Nestoris filius expositus in
Ida monte ab cane. Harpalyce Harpalyci regis Amymneo- 3
rum filia a uacca et equa. Camilla Metabi regis Volsco-
rum filia ab equa.

CCLIII   QVAE CONTRA FAS
CONCVBVERVNT

Iocaste cum Oedipo filio. Pelopia cum Thyeste patre.
Harpalyce cum Clymeno patre. Hippodamia cum Oeno-
5 mao patre. Procris cum Erechtheo patre, ex quo natus est 2

---

12 Eurydicen *Bunte* -cem F   Cynyrae F   **13** Zmirnae F
14 Coerani *Mu* Carani F   **15** patriam *Mu* patrem F Tiresiam
Castiglioni   **CCLII,3** Thiestis F   Boeotus *Mu* Boetus F
7 Ida *corruptum putat Rose*   Harpalice Harpalici F
CCLIII,3 Pelopia *Bunte* -pea F   Thieste F   **4** Harpalice F
5 Pocris F (*typothetae, ut uid., errore*)   Erechtheo *Mu* Erichtheo
F

Aglaurus. Nyctimene cum Epopeo patre rege Lesbiorum.
Menephron cum Cyllene filia in Arcadia et cum Bliade
matre sua.

CCLIV   QVAE PIISSIMAE FVERVNT
VEL ⟨QVI⟩ PIISSIMI

Antigona Oedipi filia Polynicen fratrem sepulturae dedit.
Electra Agamemnonis filia in fratrem Oresten. Iliona
2 Priami filia in fratrem Polydorum et parentes. Pelopia 5
Thyestis filia in patrem, ut eum uindicaret. Hypsipyle
Thoantis filia patri, cui uitam concessit. Chalciope ⟨Aee-
tae⟩ filia patrem non deseruit regno amisso. Harpalyce
Harpalyci filia in bello patrem seruauit et hostem fugauit.
3 Erigone Icari filia patre amisso suspendio se necauit. 10
Agaue Cadmi filia in Illyrica Lycothersen regem interfecit et patri suo regnum dedit. Xanthippe Myconi patri in-
cluso carcere lacte suo alimentum uitae praestitit. Tyro
Salmonei filia propter patrem filios suos necauit.
4   In Sicilia cum Aetna mons primum ardere coepit, Da- 15
mon matrem suam ex igne rapuit, item Phintia patrem.
Aeneas item in Ilio Anchisem patrem umeris et Asca-

---

6 Nictymene F   **7** Menephron *Mi*   Menophrus F
⟨Aegypius⟩ cum Bulide   *Bursian*   (*cf. Anton. Lib. met. 5*)
CCLIV,2 *suppleui* (*cf. Indicem*)   **4** Oresten F *non* Orestem
5 Pelopia *Bunte* -pea F   **6** Thiestis F   **7** Calciope F
suppl. Rose   **8** Harpalice Harpalici F   **12** Xantippe F
Cimoni *Mi, quasi e Val. Max. 5.4 ext. 1* (*sed u. Kempf ad loc.*) *lac.*
ante Myconi *stat. Knaack*   **16** Phintia *Mu* (*duce Salmasio*)
Pythia F

nium filium ex incendio eripuit. Cleops et Bitias Cydip- 5
pae filii. Cydippe sacerdos Iunonis Argiuae cum boues in
20 pastionem misisset neque ad horam, qua sacra in monte
ad templum Iunonis duci et fieri deberent, apparerent et
essent mortui, quae nisi ad horam sacra facta essent, sacerdos interficiebatur; inter quam trepidationem Cleops 6
et Bitias pro bubus sub iugo se iunxerunt et ad fanum sa-
25 cra et matrem Cydippen in plaustro duxerunt; sacrificio-
que peracto Cydippe precata est Iunonem, si sacra eius
caste coluisset, si filii aduersus eam pii fuissent, ut quicquid bonum mortalibus posset contingere, id filiis eius
contingeret. precatione peracta plaustrum et matrem filii 7
30 domum reduxerunt et fessi somno acquieuerunt⟨...⟩ at
Cydippe diligenter agnouit nihil esse melius mortalibus
quam mori, et ob hoc obiit uoluntaria morte.

CCLV   QVAE IMPIAE FVERVNT

Scylla Nisi filia patrem occidit. Ariadne Minois filia fra-
trem⟨...⟩ et filios occidit. Progne Pandionis filia filium
occidit. Danaides coniuges suos patrueles occiderunt. 2
5 Lemniades in Lemno insula patres et filios occiderunt.
Harpalyce Clymeni filia filium, quem ex patris concubitu pepererat, occidit. Tullia Romanorum super parentis
corpus currum duxit, unde Vicus Sceleratus est dictus.

18 *sic* F; Cleobis et Biton *ab Herodoto uocantur*   Cidippe
(*bis*) F, *et sic infra*   **25** Cydippen *Bunte* Cidippem F
30 *lac. stat. St, qui* ⟨et mane mortui inuenti sunt⟩ *uel tale aliquid
excidisse putat*   **CCLV,2** prodidit *Castiglioni*   **3** *lac. hic
stat. Rose, ante* fratrem *St*   **6** Harpalice F

CCLVI   QVAE CASTISSIMAE FVERVNT

Penelope Icarii filia uxor Vlyssis. Euadne Phylacis filia
coniunx Capanei. Laodamia Acasti filia coniunx Protesi-
2 lai. Hecuba Cissei filia uxor Priami. Theonoe Thestoris filia 〈... Alcestis Peliae filia〉 uxor Admeti. Romanorum 5
Lucretia Lucretii filia coniunx Collatini.

CCLVII   QVI INTER SE AMICITIA
IVNCTISSIMI FVERVNT

Pylades Strophii filius cum Oreste Agamemnonis filio.
Pirithous Ixionis filius cum Theseo Aegei filio. Achilles
2 Pelei filius cum Patroclo Menoetii filio. Diomedes Tydei 5
filius cum Sthenelo Capanei filio. Peleus Aeaci filius cum
Phoenice Amyntoris filio. Hercules Iouis filius cum Philocteta Poeantis filio. Harmodius et Aristogiton more fra-
3 terno. in Sicilia Dionysius tyrannus crudelissimus cum
esset suosque ciues cruciatibus interficeret, Moeros tyran- 10
num uoluit interficere; quem satellites cum deprehendis-
4 sent armatum, ad regem perduxerunt. qui interrogatus respondit se regem uoluisse interficere; quem rex iussit crucifigi; a quo Moerus petit tridui commeatum ut sororem
suam nuptui collocaret, et daret tyranno Selinuntium ami- 15
cum suum et sodalem qui sponderet eum tertio die uen-
5 turum. cui rex indulsit commeatum ad sororem collocan-
dam, dicitque rex Selinuntio, nisi ad diem Moerus ue-

CCLVI,2 Philacis F   5 *lac. stat. St   qui etiam suppl.*
CCLVII,5 Tidei F   7 Phenice F   Amintoris F   **8** Poeantis *Comm* Paeantis F   Armodius F   **18** nisi *Mu*   ut nisi F

niret, eum eandem poenam passurum et dimitti Moerum.
20 qui collocata sorore cum reuerteretur, repente tempestate 6
et pluuia orta, flumen ita increuit ut nec transiri nec tran-
snatari posset; ad cuius ripam Moerus consedit et flere
coepit, ne amicus pro se periret. Phalaris autem Selinun- 7
tium crucifigi cum iuberet, ideo quod horae sex tertii iam
25 diei essent nec ueniret Moerus, cui Selinuntius respondit
diem adhuc non praeteriisse. cumque iam et horae nouem essent, rex iubet duci Selinuntium in crucem. qui 8
cum duceretur, uix tandem Moerus liberato flumine con-
sequitur carnificem exclamatque a longe, "Sustine carni-
30 fex, adsum quem spopondit." quod factum regi nuntiatur;
quos rex ad se iussit perduci rogauitque eos ut se in ami-
citiam reciperent uitamque Moero concessit. Harmodius 9
et Aristogiton. item in Sicilia eundem Phalarim Harmodius cum uellet interficere, simulationis causa scrofam
35 porcellos habentem occidit et uenit ad Aristogitonem
amicum suum ense sanguinolento, dicitque se matrem
interfecisse, rogatque eum ut se celaret. qui cum ab eo ce- 10
laretur, rogauit Aristogitonem ut progrederetur, rumores-
que qui essent de matre sibi renuntiaret. ⟨renuntiauit⟩
40 nullos esse rumores. qui uesperi ita litem contraxerunt ut 11
alius alio potiora ingererent, nec ideo Aristogiton uoluit
obicere eum matrem interfecisse. cui Harmodius patefecit se scrofam porcellos habentem interfecisse et ideo matrem dixisse; cui indicat se regem uelle interficere, rogat-

26 et horae F *non* horae   **32** uit. M. concessit *hic* F; *de or-*
dine in cod. F *hariolatur Rose, qui tum post* perduci *transtulit*
Armodius F *ut etiam infra*   **33** item *Sr*   idem F   **39** *suppl.*
Rose ⟨ait⟩ *Barthius*

12 que eum ut sibi adiutorio esset. qui cum ad regem 45
interficiendum uenissent, deprehensi sunt a satellitibus
armati, et cum perducerentur ad tyrannum, Aristogiton a
satellitibus effugit, Harmodius autem solus cum perduc-
tus esset ad regem quarerentque ab eo quis ei fuisset comes, ille ne amicum proderet linguam dentibus sibi prae- 50
13 cidit eamque regis in faciem inspuit. Nisus cum Euryalo
suo, pro quo et mortuus est.

CCLVIII   ATREVS ET THYESTES

Atreus et Thyestes germani cum in dissensione sibi nocere non possent, in simulatam gratiam redierunt, qua occasione Thyestes cum fratris uxore concubuit. Atreus
uero ei filium epulando apposuit; quae sol ne pollueretur, 5
aufugit. sed ueritatis hoc est: Atreum apud Mycenas primum solis eclipsim inuenisse; cui inuidens frater ex urbe
discessit.

CCLIX   LYNCVS

Lyncus rex Siciliae fuit, qui missum a Cerere Triptole-
mum, ut hominibus frumentum monstraret, susceptum
hospitio, ut in se gloria tanta migraret, interimere cogitauit. ob quam rem irata Ceres eum conuertit in lyncem ua- 5
rii coloris, ut ipse uariae mentis extiterat.

CCLVIII *hoc capitulum e Seruio ad Aen. 1.568 ductum patet*
CCLIX *haec e Seru. ad Aen. 1.323 tracta*

CCLVIII,1 *et*   **2** Thiestes F   **CCLIX,2** Scythiae
Seruius   **4** gloria tanta *Seruius* gloriam tantam F

CCLX   ERYX

Eryx Veneris et Butae filius fuit, qui occisus ab Hercule
est. monti ex sepultura sua nomen imposuit, in quo Aeneas Veneris templum constituit. in hoc autem monte di-
5 citur etiam Anchises sepultus, licet secundum Catonem
ad Italiam uenerit.

CCLXI   AGAMEMNON QVI IGNARVS DIANAE
CERVAM OCCIDIT

Cum de Graecia ad Aulidem Danai uenissent, Agamemnon Dianae ceruam occidit ignarus; unde dea irata flatus
5 uentorum remouit. quare cum nec nauigare possent et pestilentiam sustinerent, consulta oracula dixerunt Aga-
memnonio sanguine esse placandam Dianam. ergo cum
ab Vlyxe per nuptiarum simulationem adducta Iphigenia
in eo esset ut immolaretur, numinis miseratione sublata
10 est, et cerua supposita. et translata ad Tauricam ciuitatem
regi Thoanti tradita est, sacerdosque facta, Dictynnae
Dianae secundum consuetudinem statutam, humano sanguine numen placaret, cognouit fratrem Orestem. qui ac-

CCLX *haec a Seru. ad Aen. 1.570 sumpta*   5 *Catonis orig.*
fr. 9 Peter² p. 57   CCLXI *haec a Seru. ad Aen. 2.116 ducta*

CCLXI,3 de Graecia F Graeci *Seru.*   9 miseratione *et* F
et Seru. (*errat Rose, qui* misericordia *scribit*)   11 Dictynnae
Seru. ductumne F   13 numen *et* F *et Seru. neglegenter om.*
Rose

cepto oraculo carendi furoris causa, cum amico Pylade
Colchos petierat, et cum ⟨his⟩ occiso Thoante simula- 15
crum sustulit, absconditum fasce lignorum (unde et fa-
scelis dicitur, non tantum a face cum qua pingitur, propter quod et lucifera dicitur) et Ariciam detulit. sed cum
postea Romanis sacrorum crudelitas displiceret, quan-
quam serui immolarentur, ad Laconas Diana translata, 20
ubi sacrificii consuetudo adolescentum uerberibus serua-
batur, qui uocabantur Bomonicae, quia aris superpositi
contendebant, qui plura posset uerbera sustinere. Orestis
uero ossa de Aricia Romam translata sunt et condita ante
templum Saturni, quod est ante cliuum Capitolinum 25
iuxta Concordiae templum.

CCLXII *ad* CCLXVIII   *desiderantur*

⟨CCLXIX   QVI AMPLISSIMI FVERVNT⟩

⟨...⟩Iouis et Europae filius. Cygnus alter Martis filius,
quem idem Hercules occidit.

CCLXX   QVI FORMOSISSIMI FVERVNT

Iasion Corythi filius, quem Ceres dicitur amasse, quod ipsum historiis creditur. Cinyras Paphi filius rex Assyrio-

---

14 furoris *Seru.* sororis F   15 his *Seru. om.* F   17 non
tantum *Seru.* notandum F   18 Aritiam F   20 Diana F est
Diana *Seru.*   22 aris *Seru.* auri F   **CCLXIX,1** *titulus ex
Indice supplendus est*   **CCLXX,2** Corythi *Mu* (Coriti *iam Mi*)
Ilithii F Electrae *Sr, quem secutus est Bursian*   3 in mysteriis
traditur *Bursian*

rum. Anchises Assaraci filius, quem Venus amauit. Ale- 2
5 xander Paris Priami filius et Hecubae, quem Helena
secuta est. Nireus Charopis filius. Cephalus Pandionis filius, quem Aurora amauit. Tithonus Laomedontis filius
Aurorae coniunx. Parthenopaeus Meleagri et Atalantes fi- 3
lius. Achilles Pelei et Thetidis filius. Patroclus Menoetii
10 filius. Idomeneus qui Helenam amauit. Theseus Aegei et
Aethrae filius, quem Ariadne amauit.

CCLXXI   QVI EPHEBI FORMOSISSIMI
FVERVNT

Adonis Cinyrae et Smyrnae filius quem Venus amauit.
Endymion Aetoli filius quem Luna amauit. Ganymedes
5 Erichthonii filius quem Iouis amauit. Hyacinthus Oebali
filius quem Apollo amauit. Narcissus Cephisi fluminis fi- 2
lius qui se ipsum amauit. Atlantius Mercurii et Veneris
filius qui Hermaphroditus dictus est. Hylas Theodamantis filius quem Hercules amauit. Chrysippus Pelopis filius
10 quem Theseus ludis rapuit.

⟨CCLXXII   IVDICIA PARRICIDARVM
QVI IN AREOPAGO CAVSAM DIXERVNT⟩

7 Titonus F   10 Aegaei F   **CCLXXI**,3 Cynirae F
5 Erichthonii *Mi* Eriothonii F   6 Cephisii *Rose, errore, ut uid.*
8 Hilas F   **CCLXXII**,1 *periit fab. 272 cum initio fab. 273; titulum ex Indice suppleui*

CCLXXIII QVI PRIMI LVDOS FECERVNT
VSQVE AD AENEAM QVINTVM DECIMVM

⟨...⟩quinto loco Argis quos fecit Danaus Beli filius filia- 5
2 rum nuptiis cantu, unde hymenaeus dictus. sexto autem
iterum Argis quos fecit Lynceus Aegypti filius Iunoni Argiuae, qui appellantur ἀσπὶς ἐν Ἄργει. quibus ludis qui
uicit accipit pro corona clipeum, ideo quod Abas Lyncei
et Hypermestrae filius nuntiauit Danaum parentibus pe- 10
risse, cui Lynceus de templo Iunonis Argiuae detraxit clipeum, quod Danaus in iuuenta gesserat et Iunoni sacra-
3 uerat, et Abanti filio muneri dedit. in his ludis qui semel
uicit et iterum descendit ad certamen ⟨...⟩ ut nisi iterum
4 uincat ⟨...⟩ saepe descendat. septimo autem loco Perseus 15
Iouis et Danaes filius funebres Polydectae nutritori suo in
insula Seripho, ubi cum luctatur percussit Acrisium
auum suum et occidit. itaque quod sua uoluntate noluit,
5 id deorum factum est numine. octauo loco fecit Hercules
Olympiae gymnicos Pelopi Tantali filio, in quibus ipse 20
contendit pammachium, quod nos pancratium uocamus,
6 cum Achareo. nono loco facti sunt in Nemea Archemoro

CCLXXIII,5 *ad lacunam supplendam cf. schol. Vallicell.*
p. 161 ed. Whatmough **16** *cf. schol. Vallicell. p. 161 ed.*
Whatmough **20** *cf. schol. Vallicell. p. 161 ed. Whatmough*

CCLXXIII,8 ἀσπὶς εν Ἄργει *Salmasius* ἄσπισεναργωες F
12 quod F quem *Mi* **14** *lac. stat. Sr* ⟨lex est⟩ *suppl. Heinsius*
alii alia is (*pro* ut) nisi ... descendit *Perizonius* **15** *lac. stat.*
Rose **19** id deorum f. e. numine *Mu* in d. factus est numero
F **20** ipse *Mi* se F **21** pammachium *Barthius*
pammachum F **22** Archaemoro F

Lyci et Eurydices filio, quos fecerunt septem duces qui
Thebas ibant oppugnatum, in quibus ludis postea uice-
25 runt cursu Euneus et Deipylus Iasonis et Hypsipyles filii.
his quoque ludis pythaules qui Pythia cantauerunt sep- 7
tem habuit palliatos qui uoce cantauerunt, unde postea
appellatus est choraules. decimo Isthmia Melicertae 8
Athamantis filio et Inus fecisse dicitur Eratocles, alii poe-
30 tae dicunt Theseum. undecimo fecerunt Argonautae in 9
Propontide Cyzico regi una cum filio, quem Iason imprudens noctu in litore occiderat, saltu luctatione et iaculo.
duodecimo autem, Argiuis quos fecit Acastus Peliae fi- 10
lius. his ludis uicerunt Zetes Aquilonis filius dolicho-
35 dromo, Calais eiusdem filius diaulo, Castor Iouis filius
stadio, Pollux eiusdem filius caestu, Telamon Aeaci filius
disco, Peleus eiusdem luctatione, Hercules Iouis filius
pammachio, Meleager Oenei filius iaculo; Cygnus Martis 11
filius armis occidit Pilum Diodoti filium, Bellerophontes
40 uicit equo; quadrigis autem uicit Iolaus Iphicli filius
Glaucum Sisyphi filium, quem equi mordici distraxerunt; Eurytus Mercurii filius sagitta, Cephalus Deionis filius funda, Olympus Marsyae discipulus tibiis, Orpheus

26 *sq. cf. schol. Vallicell. pp. 68 et 74 ed. Whatmough*   **33** *sqq.*
cf. pap. Strasbourg W.G.332, quam edidit Jacques Schwartz

25 Eunaeus et Deiphylus F   **29** Eratocles F ⟨Sisyphus, ut
ait⟩ Procles *Schneider*   **31** una cum F Aenei *Schneider*
33 Peliae *Mu* Pelei F   **34** Zetes *Stav* Zethus F   **38** pammachio *Sr* -cho F   **39** Pilum F   Lycum *Engelmann*
Leodoci *Sr*   **41** mordicus *Mu*   **42** sagitta F *non* sagittis
43 Marsiae F

Oeagri filius cithara, Linus Apollinis filius cantu, Eumol-
12 pus Neptuni filius ad Olympi tibias uoce. tertio decimo 45
fecit in Ilio Priamus cenotaphium Paridi, quem natum
iusserat interfici, gymnicos, in quibus certati sunt cursu
Nestor Nelei filius, Helenus Priami filius, Deiphobus eiusdem, Polites eiusdem, Telephus Herculis filius, Cygnus
Neptuni filius, Sarpedon Iouis filius, Paris Alexander pa- 50
stor Priami ignarus filius. uicit autem Paris et inuentus
13 est esse Priami filius. quarto decimo Achilles Patroclo funebres, in quibus Aiax uicit lucta et accepit lebetem aureum munus, deinde Menelaus uicit iaculo et accepit muneri iaculum aureum. dimisso spectaculo eodem Phrygas 55
captiuos duodecim in rogum Patrocli et equum et canem
14 coniecit. quinto decimo fecit Aeneas Veneris et Anchisae
filius in Sicilia ad Acesten Crinisi fluminis filium hospitem; ibi Aeneas patris ornauit exsequias ludicroque certamine honores debitos manibus soluit, in quibus primum 60
nauale certamen fuit de⟨...⟩ Mnestheus, nauis Pistris,
15 Gyas, nauis Chimaera, Sergestus, nauis Centaurus. uicit
autem Cloanthus cum naui Scylla et accepit praemium
talentum argenti, auratam chlamydem ex purpura intex-
tum Ganymeden; Mnestheus loricam adeptus est, Gyas 65
abstulit lebetas cymbiaque argento caelata, Sergestus cap-
16 tiuam cum duobus filiis nomine Pholoen. secundo
deinde certamine cursu Nisus, Euryalus, Diores, Salius,

47 certarunt *Mi*   48 Nelei *Mu* Nerei F   55 dimisso *Mu*
de- F   58 Acestē F   61 *lac. stat. Mu, qui legendum suspica-*
tur de⟨certarunt Cloanthus, nauis Scylla,⟩   Mnestheus *Sr*
-theo F   Pristis *Mu e Verg. Aen. 5.116*   65 Gyas *Comm*
Gygas F   68 certarunt *Mu*

Helymus, Panopes; uicit Euryalus, accepit praemium
70 equum phaleris insignem, secundo Helymus Amazoniam
pharetram, tertio Diores galeam Argolicam, Salio exuuias
leonis donauit, Niso clipeum opus Didymaonis. tertio 17
deinde certamine, caestibus Dares et Entellus; uicit Entellus, accepit praemium taurum, Dareti gladium et en-
75 sem tribuit. quarto deinde certarunt sagitta Hippocoon, 18
Mnestheus, Acestes, Eurytion, qui accepit muneri galeam, qui † iudicis propter omen Acestae honorem cessit.
quinto Ascanio puero duce luserunt pueri Troiam. 19

CCLXXIV QVIS QVID INVENERIT

⟨... quidam⟩ nomine Cerasus uinum cum Acheloo flumine in Aetolia miscuit, unde miscere cerasae est dictum. antiqui autem nostri in lectis tricliniaribus in fulcris
5 capita asellorum uite alligata habuerunt, significantes

CCLXXIV,2 *ad uerba deperdita fortasse conferenda sunt schol.*
Vallicell. p. 74 ed. Whatmough, ubi de tragoedia legitur; item p. 158,
ubi de arte nummularia refertur; item p. 161 de Alexandrinis; item-
que p. 162, ubi fabula de Pane narratur **2–6** *cf. schol. Vallicell.*
p. 162 ed. Whatmough

69 *et* **70** Helimus F **72** Didimaonis F **73** certamine
Rose certamen F certarunt *Mu* **75** Hyppocoon F **77** iudicio *Sr* iudicii *Perizonius* auspicii *Mu* iudicio ⟨Aeneae⟩ *Rose*
omen *Iuda Bonutius* omne F **78** Troiam *Salmasius* Troiani F
CCLXXIV,2 *suppl. Rose e schol. Vall.* Cerasus *Sr* Cerassus F
cum schol. Vall. **3** cerasae (*hoc est* κεράσαι) *scripsi* cerassae F
cerase *schol. Vall.* **4** fulcris *Mi* pulchris F fulchris *schol. Vall.*

⟨eum uini⟩ suauitatem inuenisse. caper autem uitem
quam praeroserat plenius fructum protulit, unde etiam
2 putationem inuenerunt. Pelethronius frenos et stratum
3 equis primus inuenit. Belone prima acum repperit, quae
4 Graece belone appellatur. Cadmus Agenoris filius aes 10
Thebis primus inuentum condidit; Aeacus Iouis filius in
Panchaia in monte Taso aurum primus inuenit. Indus rex
in Scythia argentum primus inuenit, quod Erichthonius
5 Athenas primum attulit. Elide, quae urbs est in Pelopon-
6 neso, certamina quadrigarum primum instituta sunt. Mi- 15
das rex Cybeles filius Phryx plumbum album et nigrum
7 primus inuenit. Arcades res diuinas primi diis fecerunt.
8 Phoroneus Inachi filius arma Iunoni primus fecit, qui ob
9 eam causam primus regnandi potestatem habuit. Chiron
centaurus Saturni filius artem medicinam chirurgicam ex 20
herbis primus instituit; Apollo artem oculariam medicinam primus fecit; tertio autem loco Asclepius Apollinis
10 filius clinicen repperit. antiqui obstetrices non habuerunt, unde mulieres uerecundia ductae interierant. nam
Athenienses cauerant ne quis seruus aut femina artem 25
medicinam disceret. Agnodice quaedam puella uirgo

6–8 *cf. schol. Vallicell. p. 159 ed. Whatmough* **10** et **15** *cf.
Cassiod. uar. 3.31.5 (CC 96.120.31)* **11** *cf. Cassiod. uar. 4.34.3
(CC 96.164.21)* **14** *cf. Cassiod. uar. 3.51.3 (CC 96.133.23)*
18 *sqq. cf. Cassiod. uar. 7.18.2 (CC 96.278.18)*

6 *suppl. Rose e schol. Vall.* **8** putationem *Tiliobroga* pot- F
putatio inuenta est *schol. Vall.* **9** Belone *Sr* Bellone F
10 *Graecas mauult litteras Bunte* **11** Aeacus *Mu* Sacus F
12 Taso *Mu* Thaso F **21** artem F autem *St* **23** antiqui
⟨quia⟩ *St* **24** interiebant *Castiglioni* **26** Hagno- *ubique
Rose*

concupiuit medicinam discere, quae cum concupisset,
demptis capillis habitu uirili se Herophilo cuidam tradidit in disciplinam. quae cum artem didicisset, et feminam 11
30 laborantem audisset ab inferiore parte, ueniebat ad eam,
quae cum credere se noluisset, aestimans uirum esse, illa
tunica sublata ostendit se feminam esse, et ita eas cura-
bat. quod cum uidissent medici se ad feminas non admit- 12
ti, Agnodicen accusare coeperunt, quod dicerent eum
35 glabrum esse et corruptorem earum, et illas simulare im-
becillitatem. quod cum Areopagitae consedissent, Agno- 13
dicen damnare coeperunt; quibus Agnodice tunicam
alleuauit et se ostendit feminam esse. et ualidius medici
accusare coeperunt; quare tum feminae principes ad iudi-
40 cium conuenerunt et dixerunt, "Vos coniuges non estis
sed hostes, quia quae salutem nobis inuenit eam damna-
tis." tunc Athenienses legem emendarunt, ut ingenuae artem medicinam discerent. Perdix Daedali sororis filius et 14
circinum et serram ex piscis spina repperit. Daedalus Eu- 15
45 palami filius deorum simulacra primus fecit. Oannes qui 16
in Chaldaea de mari exisse dicitur astrologiam interpretatus est. Lydi Sardibus lanam infecerunt, postea idem sta- 17
men. Pan fistulae cantum primus inuenit.in Sicilia fru- 18
mentum Ceres prima inuenit.tyrrhenus Herculis filius 19
50 tubam primus inuenit hac ratione, quod cum carne hu- 20

---

48 *sq. cf. Cassiod. uar. 6.18.6 (CC 96.248.38)*

28 Heriphilo *St*   Hier- F   **36** quod *Bunte*   quo F
Agnodicē F   **39** *post* quare *lac. stat. Mi*   **40** conuenerunt F
non uenerunt   **45** Oannes *Salmasius* Euhadnes F   **47** Sardibus … infecerunt *Turnebus e Plin. n. h. 7.196* surculis …
fecerunt F   stamen *Turnebus* samen F semen *Sr*

mana comites eius uescerentur, ob crudelitatem incolae
circa regionem diffugerunt; tunc ille quia ex eorum decesserat, concha pertusa buccinauit et pagum conuocauit,
testatique sunt se mortuum sepulturae dare nec consu-
21 mere. unde tuba Tyrrhenum melos dicitur. quod exem- 55
plum hodie Romani seruant, et cum aliquis decessit, tu-
bicines cantant et amici conuocantur testandi gratia eum
22 neque ueneno neque ferro interiisse. cornicines autem
classici inuenerunt. Afri et Aegyptii primum fustibus di-
micauerunt, postea Belus Neptuni filius gladio belligera- 60
tus est, unde bellum est dictum.

CCLXXV · OPPIDA QVI QVAE CONDIDERVNT

Iouis in India Thebas, Thebaidos nomine nutricis suae;
quae Hecatompylae appellantur ideo quod centum portas
2 habent. Minerua in Chalcide Athenas, quas ex suo nomine appellauit. Epaphus Iouis filius in Aegypto Mem- 5
3 phim. Arcas Iouis filius in Arcadia Trapezunta. Apollo
Iouis filius Arnas. Eleusinus Mercurii filius Eleusinem.
4 Dardanus Iouis filius Dardaniam. Argus Agenoris filius
Argos, Cadmus Agenoris filius Thebas heptapylas, quae
5 septem portas habuisse dicuntur. Perseus Iouis filius Per- 10

59 *sqq. cf. Cassiod. uar. 1.30.5*   **CCLXXV** *ad hoc capitulum
pertinere suspicatur Rose schol. Vallicell. p. 155 ed. Whatmough de
Nino ciuitatis conditore*

53 ex eorum *ut Graecismum recte defendunt Rose et van
Krevelen*   **CCLXXV,2** Thebaidos *Turnebus* Thebaidas F
9 Cadmus *Mu* quae Cadmus F   **10** dicuntur *Mu* dicitur F

seida. Castor et Pollux Iouis filii Dioscorida. Medus Aegei et Medeae filius in Ecbatanis Medam. Camirus Solis 6
filius Camiram. Liber in India Hammonem. Ephyre nympha Oceani filia Ephyren, quam postea Corinthum appel-
15 larunt. Sardo Stheneli filia Sardis. Cinyras Paphi filius fi- 7
liae suae nomine Smyrnam. Perseus Iouis filius Mycenas.
Semiramis Dercetis filia in Syria Babylonem.

CCLXXVI   INSVLAE MAXIMAE

Mauritania posita ad solis occasum in circuitu stadia
LXXVI. Aegyptus in sole et austro posita, quem Nilus cir-
cumlauat, circuitu stadia⟨...⟩ Sicilia in triscelo posita,
5 circuitu stadia XXXDLXX. Sardinia in circuitu stadia 2
XCCL. Creta in longitudine⟨...⟩et oppida utraque parte
centum possidet, circuitu stadia XXC. Cyprus posita est
inter Aegyptum et Africam, similis scuto Gallico, circuitu
stadia XLIC. Rhodos in rotundo posita, circuitu stadia 3
10 XXC. Euboea consimilis arcuit, circuitu stadia XXCC.
Corcyra, ager bonus, circuitu stadia XXC. Sicyon, ager 4
bonus, circuitu stadia mille centum. Tenedos insula contra Ilium, circuitu stadia MCC. Corsica, ager pessimus,
circuitu stadia MCXX. Cyclades insulae sunt nouem, id 5
15 est Andros, Myconos, Delos, Tenos, Naxos, Seriphus,
Gyarus, Paros, Rhenia.

---

12 Camirus ... Camiram *Sr*   Nilus ... Carmentum F
15 Cinyras *Sr*   Cynaras F   **CCLXXVI,4** *lac. stat. Mi*
6 *lac. stat. Mi*   **11** Sycion F   **15** Myconos *Mi* Micos F
Tenos *Mi* Tenedos F   **16** Paros Rhenia *Mi* Tardos Rhene F

CCLXXVII   RERVM INVENTORES PRIMI

Parcae, Clotho Lachesis Atropos, inuenerunt litteras
Graecas septem, $ABHTIY\langle...\rangle$; alii dicunt Mercurium
ex gruum uolatu, quae cum uolant litteras exprimunt; Palamedes autem Nauplii filius inuenit aeque litteras unde- 5
cim$\langle...\rangle$, Simonides litteras aeque quattuor, $\Omega EZ\Phi$, Epi-
2 charmus Siculus litteras duas, Π et Ψ. has autem Graecas
Mercurius in Aegyptum primus detulisse dicitur, ex Aegypto Cadmus in Graeciam, quas Euandrus profugus ex
Arcadia in Italiam transtulit, quas mater eius Carmenta 10
in Latinas commutauit numero XV. Apollo in cithara ce-
3 teras adiecit. idem Mercurius et palaestram mortales pri-
4 mus docuit. Ceres boues domare et alumno suo Triptolemo fruges serere demonstrauit; qui cum seuisset et sus,
id est porcus, quod seuerat effodisset, suem comprehendit 15
et duxit ad aram Cereris, et frugibus super caput eius po-
sitis eidem Cereri immolauit. inde primum inuentum est
5 super hostias molam salsam imponere. uelificia primum
inuenit Isis; nam dum quaerit Harpocratem filium suum,
rate uelificauit. Minerua prima nauem biproram Danao 20
aedificauit, in qua Aegyptum fratrem profugit.

CCLXXVII,4 *sq. cf. Cassiod. uar. 8.12.4 (CC 96.314.35)*
20 *cf. Cassiod. uar. 5.17.4 (CC 96.196.29)*

CCLXXVII,3 *lac. stat. Mi*   **6** *lac. stat. Mi*   **7** Graecas
del. Rose   **13** boues *Sr* fruges serere boues F (*e seqq. duplica-
tum*)   **14** seuisset *Sr* seruisset F   **15** id est porcus *del. Sr*
18 hostias F *non* hostiam   **21** *ad finem operis deesse nonnulla
censet Mi*

INDEX NOMINVM
Nomina corrupta asterisco (*) notantur

Abas Lyncei f. XIV, 11;
    CLXX, 9, 10; CCXLIV, 3;
    CCLXXIII, 2
Abas Neptuni f. CLVII, 1
Abderus XXX, 9
Abraxas CLXXXIII, 3
Abseus *praef.* 4
Absoris, Absoritani XXIII, 5;
    XXVI, 3
Absyrtus XXIII; XXVI, 3.
Acamas canis CLXXXI, 5
Acamas Graecus CVIII, 1
Acamas Troianus CXV
Acastus XIV, 23; XXIV, 5;
    CIII, 2; CIV, 1,2; CCXLIII,
    3; CCLI, 2; CCLVI, 1;
    CCLXXIII, 10
Acestes CCLXXIII, 14, 18
Achaea XCVIII, 1
Achamantis CLXX, 5
Achareus CCLXXIII, 5
Achelous *praef.* 6, 30; XXXI,
    7; CXXV, 13; CXLI, 1;
    CCLXXIV, 1
Achilles XCVI; XCVII, 2, 15;
    XCVIII, 3; CI, 1, 3; CVI;
    CVII, 1, 2; CX; CXII, 3, 4;
    CXIII, 1, 3, 4; CXIV; CXXI,
    1; CXXIII, 1; CCLVII, 1;
    CCLXX, 3; CCLXXIII, 13

Achiui XCVI, 2; CI, 2, 3; CII,
    2; CIII, 1; CVIII, 1, 3; CIX,
    2; CXIV, *tit.*; CXXIV, *tit.*;
    CCXLIX
Acoetes CXXXIV, 1, 4
Acrisius LXIII, 1, 4, 5;
    LXXXIV, 1; CLV, 2;
    CCLXXIII, 4
Actaea *praef.* 8
Actaeon CLXXX; CLXXXI;
    CCXLVII
*actem Hora CLXXXIII, 5
Actor Hippasi f. XIV, 20
Actor Lemnius CII, 2
Actor Menoetii pater XIV, 6
Actor Neptuni f. CLVII, 2
Admete *praef.* 6
Admetus XIV, 2; XLIX, 2; L;
    LI, 2; XCVII, 8; CLXXIII,
    2; CCXLIII, 4; CCLI, 3;
    CCLVI, 2
Adonis LVIII, 3; CCXLVIII;
    CCLI, 4; CCLXXI, 1
Adrasta CLXXXII, 1
Adrastus Argiuus LXVIII–
    LXXIA; LXXIII, 2; LXXIV,
    3; XCVII, 4; CCXLII, 5
Adrastus Pirithoi socer
    XXXIII, 3.
Adriaticum mare XXIII, 2

Deiopites XC, 6
Deiphobus XC, 1; XCI, 6; CX;
  CXIII, 1, 3; CXV; CCXL, 1;
  CCLXXIII, 12
Deipyla (-e) LXIX, 1, 5;
  LXIXA; XCVII, 4; CLXXV, 2
Deipylus Iasonis f. XV, 3;
  CCLXXIII, 6
Deipylus Polymnestoris f.
  CIX, 1, 3
Delos LII, 1; LIII, 2; CXL, 4;
  CCXLVII; CCLXXVI, 5
Delphi II, 2; LXVII, 2, 3;
  LXXXVIII, 8; CXX, 1;
  CXXII, 2; CXXIII, 2;
  CLXXVIII, 4; CXC, 3
Delphus CLXI
Demarchus CLXX, 6
Demoanassa, Demonassa
  XIV, 5, 7; LXXI, 1; XCVII,
  8; CII, 1
Demnosia XC, 3
*Demoditas CLXX, 1
Demoleon XIV, 30
Demophile CLXX, 4
Demopho(o)n XLVIII; LIX, 1,
  2; CCXLIII, 6
Demosthea XC, 4
Dercetis CCXXIII, 6;
  CCLXXV, 7
Desmontes CLXXXVI, 1, 2, 9
Deucalion Minois f. XIV, 22;
  XCVII, 7; CLIII; CLXXIII, 2
Deucalion Promethei f.
  CLIIA, 2; CLIII; CLV, 3
Dexamene *praef.* 8
Dexamenus XXXI, 11;
  XXXIII, 1
Dia Deionei f. CLV, 4

Dia (= Naxos) III, 4; XIV, 30;
  XX; XXI; XLIII, 1
Diana *praef.* 33; IX; XXIV, 2;
  XXVI, 2; XXVII, 3;
  XXVIII, 3; LIII, 2; LXXIX,
  1; LXXX, 1; XCVIII, 1, 4;
  CXX; CXXI, 3; CXXII, 1,
  3; CXL, 4; CXLVI, 2; CL, 2;
  CLXXII; CLXXIV, 4;
  CLXXX; CLXXXI;
  CLXXXVI, 6; CLXXXIX,
  4–6; CXCV, 3; CC, 2;
  CCXXIII, 1; CCXXV, 2;
  CCXXXVIII, 1; CCLI, 3;
  CCLXI; *cf.* Dictynna
Diaphorus XCVII, 15
Dice CLXXXIII, 4
Dictynna CCLXI
Dictys piscator LXIII, 3
Dictys Neptuni f. CLVII, 2
Dictys Tyrrhenus CXXXIV, 4
Dido CCXLIII, 7
Didymaon CCLXXIII, 16
Dies *praef.* 1, 2
Dino *praef.* 9
Dinomache CLXXXI, 6
Dinus XXX, 9
Diodotus CCLXXIII, 11
Diomeda XCVII, 11
Diomedea CIII, 1
Diomedes Thrax XXX, 9;
  CLIX; CCL, 2
Diomedes Tydei f. LXIX, 5;
  LXXIA; LXXXI; XCVII, 4;
  XCVIII, 3; CII, 3; CVIII, 1;
  CXII, 1; CXIII, 2; CXIV;
  CLXXV, 2; CCXLII, 2;
  CCLVII, 2
Dione dea *praef.* 3, 19

Parcae *praef.* 1; CLXXI, 1;
    CLXXIV, 2, 6; CCLXXVII, 1
Paris XCI; XCII; XCVIII, 1;
    CVII, 1; CCLXX, 2;
    CCLXXIII, 12; *cf.* Ale-
    xander
Parnas(s)us IV, 2; CXL, 1, 3,
    5; CLXXXV, 6
Paros CCLXXVI, 5
Parthaon CXXIX; CLXXV, 1;
    CCXXXIX, 2; CCXLII, 2;
    cf. Porthaon
Parthenia (= Samos) XIV, 16
Parthenius fons CLXXXI, 1
Parthenius mons LXX, 1;
    XCIX, 1, 2
Parthenopaeus LXX, 1;
    LXXA; LXXI, 2; LXXIA;
    XCIX, 2; C, 1, 2; CCLXX, 3
Pasiphae Oceani f. *praef.* 6
Pasiphae regina *praef.* 36;
    XIV, 22; XXX, 8; XL;
    CXXXVI, 1; CLVI;
    CCXXIV, 2
Patrocles (-us) LXXXI;
    XCVII, 2; CVI, 2; CXII, 2;
    CXIV; CCLVII, 1; CCLXX,
    3; CCLXXIII, 13
Pegasus *praef.* 40; LVII, 4;
    CLI, 2
Pelasgici XIV, 2
Pelasgus heros CXXIV;
    CXLV, 2; CLXXIV, 1;
    CCXXV, 1, 2
Pelethronius CCLXXIV, 2
Peleus XIV, 8, 32; LIV, 3;
    XCII, 1; XCVI, 1; XCVII,
    2; CLVII, 4; CLXXIII, 2;

CCLVII, 1, 2; CCLXX, 3;
    CCLXXIII, 10
Peliades XXIV
Pelias XII; XIII; XIV, 23;
    XXIV; L, 1; LI, 1; XCVII,
    8; CLVII, 3; CCXLIII, 4;
    CCL, 3; CCLI, 3; CCLVI, 2;
    CCLXXIII, 10
Pelion XXVIII, 2
Pellene XIV, 1, 15
Pelopia Peliae f. XXIV, 4
Pelopia Thyesti f. LXXXVII;
    LXXXVIII, 3–10;
    CCXLIII, 8; CCLII, 1;
    CCLIII, 1; CCLIV, 2
Pelopidae LXXXVI
Peloponnesus XIV, 10, 12, 17,
    20; LXXXIV, 5; CCLXXIV, 5
Pelops XIV, 20; LXXXII, 1;
    LXXXIII; LXXXIV, 3, 5;
    LXXXV–LXXXVII;
    LXXXVIII, 1; CXXIV;
    CCXLIII, 3; CCXLIV, 4;
    CCXLV, 1; CCLXXI, 2;
    CCLXXIII, 5
Peloris XCVII, 11
Pelorus gigas *praef.* 4
Pelorus Spartus CLXXVIII, 6
Pemphredo *praef.* 9
Peneleus LXXXI; XCVII, 8;
    CXIV
Penelope CXXV, 19, 20;
    CXXVI, 3, 5, 7, 9; CXXVII,
    2, 3; CCXXIV, 4; CCLVI, 1
Peneus CLXI; CCIII
Penthesilea CXII, 4; CLXIII
Pentheus LXXVI; CLXXXIV;
    CCXXXIX, 3
Peranthus CXXIV